KB009458

달
과
팽
이

달팽이 ; 하늘의 달, 땅의 팽이

달과 팽이

지 은 이 권오길
2005년 7월 15일 초판 1쇄 발행

편집주간 김선정
편   집 여미숙, 이지혜, 조현경
디 자 인 임소영
마 케 팅 권장규

펴 낸 이 이원중
펴 낸 곳 지성사
출판등록일 1993년 12월 9일
등록번호 제10 - 916호
주   소 (121 - 854) 서울시 마포구 신수동 88 - 131호
전   화 (02) 716 - 4858
팩   스 (02) 716 - 4859
홈 페 이 지 www.jisungsa.co.kr
이 메 일 jisungsa@hanmail.net

출   력 경운출력회사
종   이 대림지업
인   쇄 천일문화사
제   본 과성제책사
라미네이팅 영민사

ISBN 89 - 7889 -120-9(03470)
잘못된 책은 바꾸어드립니다. 책값은 뒤표지에 있습니다.

「이 도서의 국립중앙도서관 출판시도서목록(CIP)은 e-CIP 홈페이지(http://www.nl.go.kr/cip.php)
에서 이용하실 수 있습니다.(CIP제어번호 : CIP2005001317)」

달과 팽이

권오길 지음

지성사

꽃은 질 때도 아름다워야 한다

"닭은 두 번 태어난다."라고 한다. 무슨 말일까. 일단 '달걀'이라는 단세포생물로 태어난 다음에 어미닭이 품어서 제2의 탄생, '병아리'가 된다는 것이다. 이 책도 닭처럼 두 번 태어난다. 『꿈꾸는 달팽이』라는 첫 알에서 시작하여 아홉 번째 알인 이 책까지 모아 품어서 한 질로 묶는다니 말이다. 필자의 입장에서는 눈물겹도록 고맙다. 한 해에 책을 한 권씩 쓰겠다고 애독자들에게 한 약속의 결실이 바로 전집이 되었으니…….

한데 독자들은 『달과 팽이』라는 제목에 헷갈릴지 모르겠다. 그것은 내 책에 '달팽이'라는 이름이 여럿 붙어있는 까닭과 맥을 같이한다. 필자의 전공이 달팽이(패류 貝類)라서 그런 것이고, 이 책 제목인 『달과 팽이』도 줄이면 '달팽이'가 된다. 나는 달팽이란 말이 밤하늘의 둥근 '달〔月〕'과 땅바닥에 팽팽 도는 '팽이'를 닮아 붙여진 이름(합성어)이라고 주장한다. 달팽이는 한자어로 와우(蝸牛), 영어로는 스네일(snail)이다. 본문에도 적었지만 필자가 연체동물을 전공했기에 사람들은 날 '달팽이 박사(Dr. Snail)'라 부른다.

이 책 안에는 온통 패류들이 우글우글, 득실거린다. 산에 서식하는 달팽이에서 시작하여 민물인 강과 호수에 사는 조개나 고둥, 짠물인 바다에서 사는 조개까지 우리나라 패류가 총집합했다. 또 이 책엔 필자가 30년 넘게 우리나라 곳곳을 채집하고 다니면서 느끼고 체험한 일들을 담았다. 울릉도 어느 산골짝에서, 지금도 간직하고 지내는, '너는 왜 거기에 사는가?'라는 화두(話頭)를 얻게 된 내력도 써있다. 이 책은 일종의 추억 어린 채집여행기라 해도 무방할 것이다.

추억이 아름다운 것은 늙음과 죽음이 있기 때문이 아닐까? 이 책이 나올 즈음에 필자는 40여 년의 선생 생활을 마감하는, 사실상의 죽음인 정년을 맞는다. 아니라고 아무리 우기며 발버둥쳐봐도 소용없는 일. 어차피 멈추거나 머무를 수 없는 법, 제행무상(諸行無常)이다. 아무튼 이 책을 포함한 '모음집'이 곧 탄생하여 빈손으로 퇴임하지 않게 되어 좋다. 풍족하지도 그렇다고 부족지만도 않은 삶을 살게 해준, 가없는 은혜를 가득 준 은사님, 선후배, 제자, 친지, 가족, 애독자 여러분들께 깊은 사의(謝意)를 표한다. 꽃은 필 때도 아름다워야 하지만 질 때도 아름다워야 한다. 곱게 늙으리라.

　한 방울의 물에도 천지의 은혜가 스며있고, 한 알의 곡식에도 만인의 노고가 담겨있다. 글쓰기란 피를 잉크로 만드는 일이라고 한다. 허나, 어쩐지 마뜩찮고 생각할수록 간에 천불이 난다. 좀더 멀고, 깊고, 상세한 계획을 세워서 책을 써왔어야 했는데 하는 후회가 남기에 말이다. 게다가 글(문체)은 그 사람이라고, 나의 능력(DNA)의 한계를 한 치도 벗어나지 못하고, 그게 그거요 고만고만한 얼치기 글만 쓰고 있는 것도 괴롭다. 열매는 원숙(圓熟)해지기에 둥글어진다고 하는데 나는 모난 글만 쓰고 있다. '병과 불행은 자기를 볼 수 있는 거울'이라고 하듯, 나의 미숙(未熟)함을 거울삼아 더 좋은 글쓰기에 맹진(猛進)해야지. 가난한 영혼과 철부지 동심을 그대로 간직하고 무쇠심장으로 거침없이 달려가 보리라, 흘릴 피땀이 남아있는 한.

2005년 6월 운봉(雲峰)

차례

주꾸미의
어미사랑

<중앙일보>(2004년 3월 29일)에 실린 유지상 기자의 답사기 「맛이 꿈틀거린다, 주꾸미」를 읽고 본론으로 들어가자.

충남 서천군 서면 마량리 포구에서 파도를 가르며 출발한 지 30여 분. 어둠이 채 가시지도 않은 이른 아침 바다 한가운데에 작은 어선이 보였다. 두 사람이 열심히 소라껍데기를 걷어 올리는 중이었다. '소라잡이 배를 잘못 봤군.' 하며 움찔하는 사이에 주꾸미가 갑판 위에 놓인 간이 수족관에 툭툭 떨어진다. 자세히 보니 어부들이 끌어올린 소라껍데기를 일일이 확인해 그 속에

들어있는 주꾸미를 갈고리로 끄집어내고 있는 것이었다. 주꾸미는 이처럼 소라껍데기로 유혹해 잡는다.

소라껍데기마다 주꾸미가 들어앉은 것은 아니다. 세 개 중에 하나 꼴로 주꾸미가 있다. 갈고리로 찍어내도 쉽게 딸려 나오지 않는다. 빨판을 소라껍데기에 붙이고 떨어지지 않으려고 안간힘을 쓴다. 소라껍데기를 단 줄은 쉴 새 없이 돌아가고, 하나라도 놓치지 않으려는 어부는 손목에 힘을 더 가해 악착같이 빼낸다. 주꾸미를 꺼낸 소라껍데기는 다시 바다에 가라앉힌다. 주꾸미가 다시 들어가도록 한 사나흘 두었다가 다시 걷어 올린다고 한다.

서천을 비롯한 서해안에 주꾸미잡이가 한창이다. 이 지역 사람들은 "봄철에 주꾸미를 볶고 가을철에 전어를 구우면 집 나간 며느리도 돌아온다."라는 말을 한다. 사실 주꾸미는 우리나라 서해안 어디를 가든 쉽게 볼 수 있는 해물이다. 또 철을 가리지 않고 아무 때나 잘 잡힌다. 그런데도 이맘때(3월 초~5월 말)를 주꾸미철로 치는 것에 대해 서천시장에서 주꾸미를 파는 김장엽 씨는 "산란기를 맞아 밥알처럼 생긴 알들이 꽉 들어차 있는 데다 살도 부드러워 연중 가장 맛있는 철이기 때문"이라고 설명한다.

주꾸미잡이는 대부분 해가 뜨기 전인 새벽에 출항해 오전 중에 마친다. 서울 등지로 산 채로 보낼 시간을 감안한 것. 그래서 오전 10시를 전후해선 마량 포구와 어판장이 무척 분주해진다. 바다 쪽에는 작은 주꾸미잡이 배들이, 부두에는 주꾸미를 실을 활어차가 빼곡하다. 배가 도착하면 일단 주꾸미를 노란 박스에 옮겨 담아

올린다. 부두에서 기다렸던 아줌마들은 맨바닥에 꿈틀거리는 주꾸미를 부어놓고 죽은 놈을 골라내는 작업을 벌인다.(…)

서천 수협 김형주 판매과장은 "주꾸미의 가격은 날씨에 따라 많이 좌우된다. 바람이 불면 주꾸미들이 소라껍데기 속에 더 많이 숨기 때문에 어획량이 늘고 값이 떨어지지만 요즘처럼 좋은 날씨가 계속되면 가격이 좋지 않다."라고 설명한다.

주꾸미는 낙지보다 다리가 짧고 몸집이 약간 작다. 먹는 방법이나 맛은 낙지와 비슷하다. 연포탕처럼 팔팔 끓는 육수에 데쳐 먹는 주꾸미 샤브샤브와 고추장 양념으로 야채와 함께 볶아 먹는 주꾸미 철판볶음이 대표적이다. 주꾸미 자체의 맛을 즐기려면 샤브샤브가 낫고, 푸짐하게 맛보려면 철판볶음이 무난하다.

주꾸미 샤브샤브를 할 때 먹통을 제거하지 않으면 국물이 금방 먹빛으로 변하는데도 맛은 여전히 담백하고 쫄깃하다. 일부러 먹통을 없애지 않고 터지지 않게 잘 익혀 씁쓸한 맛을 즐기는 이들도 있다. 알배기 주꾸미는 머릿속에 알이 들어있는데, 익은 알은 마치 갓 지어놓은 밥알과 똑같아 보인다. 씹는 기분도 맨밥처럼 퍽퍽하다.(…)

피뿔고둥은 주꾸미의 고향

회 한 접시에도 민중의 역사와 삶이 스며있다고 하던가. 주꾸미와 소라고둥의 조우(遭遇), 예사롭지 않은 거룩한 만남이겠지. 맞다. 주꾸미는 그렇게 잡는다. 머리싸움이라고나 할까. 시에서 말한 '소라고둥'은 보통 쓰는 말이고, 정확한 우리말 이름은 '피뿔고둥'이다. 속 빈 피뿔고둥을 주꾸미 낚시용으로 주로 쓴다. 주꾸미와 고둥은 피(血)가 서로 가까운 사이가 아닌가? 둘 다 연체동물(軟體動物)에 드니 사촌간이다. 더 상세히 구분한다면 주꾸미는 머리에 발이 붙은 '두족류(頭足類)'요, 고둥 무리는 배가 발 행세를 하는 '복족류(腹足類)'이다. 과연 사촌의 껍데기가 아니라 플라스틱으로 집을 만들어 넣어줘도 주꾸미가 그렇게 잇달아 찾아들까. 피의 멀고 가까운 정도를 근연도(近緣度)라 하는데 사촌간에는 유전인자 중 12.5퍼센트(8분의 1)가 같다. 하니 피 냄새가 전연 배어있지 않은 플라스틱통에 이것들이 들까 하는 의문을 던져보는 것이다.

우선 피뿔고둥[*Rapana venosa*]을 좀 보자. 뿔소라과에 드는 놈으로, 입 둘레가 붉은색을 띠어서 '피'란 말이 붙었고, 껍데기에 작은 돌기가 나있어 피뿔고둥이 되었다. 껍데기가 워낙 두꺼워 일부러 돌로 쳐도 잘 깨지지 않는다. 무엇보다 입(각구 殼口)이 둥그스름하면서 아주 크고 넓어 주꾸미가 들어앉기에 안성맞춤이다. 물론 이것은 대형종이라 껍데기 높이(각고 殼高)가 15센티미터에 달하니 쉽게 비유하면 필자의 주먹보다 더 크다. 이놈의 껍데기에 작은 구멍을 내어 이놈들을 길다랗고 굵은 줄에 대롱대롱 줄줄이 꿰어서, 해거름에 배 타고 나가서 바다에다 뿌려놓는다. '주꾸미야, 많이많이 들어라!' 비손하면서 치성을 드리고 밧줄을 늘어뜨린다. 물론 고둥껍데기 안에는 아무것도 들어있지 않다. 다음날 새벽녘에 나가서 다시 걷어 올리기만 하면 된다. 이렇게 품이 아주 덜 드는 주꾸미 낚기라지만 어부들은 이것을 잡아 올릴 때 힘이 들어 전신이 휘둘린다. 세상에 어디 쉬운 일이 있던가. 아무튼 빈 고둥껍데기 패각(貝殼)이 낚시 미늘인 셈이다.

빈 고둥에는 주꾸미만 살지 않는다. 버려진 자원을 생물들은 버리지 않고 잘도 활용한다. 집게(소라게, hermit crab)라는 놈들도 죽어서 속이 빈 고둥 속에서 산다. 주꾸미는 들락날락하지만 집게는 고둥을 집 삼아 평생을 거기서 산다. 그래서 잡아 끌어내 보면 등딱지가 흐물흐물하고 몸집이 아주 작다. 그렇게 집게는 버려진 고둥에 연년세세 악바리로 산다. 어미가 살았듯이 새끼들도 그렇게 거기서 산다. 비록 남이 살던 집이지만 내가 들어가 살면 내 집인 것.

그런데 피뿔고둥은 맛이 좋고 살이 살팍져서 고급 고둥에 든다. 우리나라에서는 서해안에만 나는데 주로 수심 10미터 근방에 산다. 이것과 아주 비슷하지만 몸집이 더 작은 황해피뿔고둥[*Rapana venosa pechiliensis*]이라는 놈이 있는데 피뿔고둥에 비하면 입이 좀 솔다. 이 때문에 주꾸미가 큰 집인 피뿔고둥을 더 선호하는 것이다.

고둥의 안쪽 벽 진주층(眞珠層)은 유독 색깔도 곱고 사람 손으로 만져보아도 매끌매끌해서 감촉이 좋다. 어쩌면 그렇게 만듦새가 좋을까. 반들반들한 그 안에 쑥 들어앉아 푹 쉬고 싶다. 겉에서 보기보다 안이 너른 것을 '살갑다'고 하던가.

피뿔고둥 만난 저 주꾸미의 형형한 눈빛을 보라! 고둥 입 둘레에 혹시나 훼방꾼 천적(天敵)이 들어있지는 않은지 '동물적 감각'

을 총동원하여 눈을 부릅뜨고 주변을 두리번거리다가 다리부터 집 안에 스르르 집어넣은 후 머리를 밖으로 내민 채 자리를 잡는다. 피뿔고둥은 주꾸미가 태어난 고향 안태본(安胎本, 선조 때부터의 고향)임을 강조하고 넘어간다.

카멜레온도 못 따라잡는 문어의 위장술

이제 주꾸미(이 말의 어원은 무엇일까? 온 데 다 찾아봐도 알 길이 없으매)를 볼 차례다. 주꾸미는 학명이 옥토푸스 오켈라투스[*Octopus ocellatus*]로, 속명 옥토푸스[*Octopus*]는 '다리가 여덟 개', 종명 오켈라투스[ocellatus]는 '작은 눈'이란 뜻이다. 문어[*Paroctopus dofleini*]에 비해 눈이 작아 붙은 이름일 것이다.

미리 말하지만, 우리나라에서는 서해안에만 주꾸미가 산다. 고둥이나 주꾸미까지도 사는 곳이 이렇게 따로 정해져있다. "만물이 제 자리가 있다."라는 것이 신비롭지 않은가. 이 넓은 지구에서 어째서 왜 나는, 강원도 그중에서도 춘천에, 춘천에서도 석사동에서 살고 있는가? 소나무야, 너는 왜 거기에서 살게 되었느냐? 실은 이것이 내 삶의 화두였다. 나는 왜 내 부모에게서 태어났으며, 녀석은 어쩌다가 '주꾸미'란 이름을 얻었으며, 그 넓은 바다에서, 그것도 하필이면 그런 구석에서 태어나 살다가 죽고, 또 태어나기를 반복한단 말인가.

주꾸미는 다리(팔)가 여덟 개이다. 문어, 낙지와 아주 가까운 팔완목(八腕目)에 든다. 주꾸미를 모르면 '작은 문어' 정도로 생각하면 된다. 맛도 비슷하고 생태 또한 다르지 않으니. 가까운 바다(수심 0~6미터)에 살면서 낮에는 바위틈에 꼭꼭 숨어있다가 밤에만 나돌아다니는 야행성이다. 문어도 덩치가 작았다면 고둥껍데기 안에 알을 낳지 않았을까. 바위틈 아무 데나 붙여둔 알에 비하면 얼마나 안전한가, 탄탄하고 컴컴한 굴속이!

　주꾸미의 산란행동에 관한 보고는 찾아보기 어려우니, 사촌인 문어의 알 낳기를 보면 될 것이다. 사람도 사촌끼리는 아기 낳고 기르는 것에 차이가 그리 없으렷다! 문어는 바다라면 어디나 다 사는 놈이라 생태연구가 많이 되어있다. 문어 중에 큰 놈은 팔을 죽 벌리면 그 길이가 3미터에 달한다(세계에서 가장 큰 놈은 9미터나 된다고 한다). 종에 따라서는 100~1000미터의 깊은 바다 밑에 사는 놈도 있다. 물론 이것들도 산란할 때는 근해(近海)로 기어나온다. 비라도 오는 날이면 얄궂게도 사람만 한 놈이 마당에 뚜벅뚜벅 걸어 들어온다던가?

　무척추동물 중에서 가장 영리한 동물이 바로 문어 무리다. 문어도 낮에는 바위 구멍이나 틈에 숨고 설치는 행동을 삼간다. 그리고 주로 게나 새우 같은 갑각류를 먹고 산다. 보통 때는 느리지만 먹이만 보면 재빠르게 달려가서 확 덮치는 품이 더없이 날쌔다. 여덟 개의 다리에는 온통 빨판이 더덕더덕 달라붙어 있어서 한번 잡았다면 여간해서 놓치지 않는다. 억센 근육질 팔로 조여서 먹잇감의 힘을 빼버린다. 문어나 주꾸미는 다리 근육으로 빨판을 압착(壓着)해 달라붙는데, 이것들의 빨판을 흉내내어 인간은 여기저기 달라붙이는 인조 흡반을 만들었다. 그것을 벽이나 타일에 붙일 때는 물을 조금 바르고, 꼭 눌러서 공기를 빼버린다.

다리 하나에 두 줄의 살점 빨판을 갖는 것도 문어 무리의 특징이다. 여덟 개의 팔은 '치마(skirt)'라는 얇은 근육으로 서로 연결되어있는데, 그 한가운데에 입이 있다. 입은 오징어의 입과 마찬가지로 매부리를 닮았다. 그 안에는 연체동물만이 갖는 치설(齒舌)이라는 것이 있는데, 먹이를 그것으로 자르니 이〔齒〕를 닮았고, 자른 것을 핥아 먹으니 혀〔舌〕와 비슷하다 하여 그렇게 부른다. 그 억센 부리로 게딱지에 구멍을 내어 부순 후 치설로 살점을 뚝뚝 떼내 먹는다. 한데 세상에 천적이 없는 놈이 없다. 문어도 어릴 적에는 물고기들의 밥이 된다. 먹고 먹힘! "결국 나의 천적은 나였다."라고 했던가.

문어는 온몸에 아주 예민한 색소세포가 발달해있어서 순간적으로 몸색깔을 바꾼다. 살갗에 흩어져있는 수많은 색소세포 안에는 색소가 녹아있는데, 색소가 퍼지면(확산) 몸색깔이 어둡고, 모이면(응축) 밝다. 색소세포 아래에는 푸른 바탕이 있는데 그것은 반사되는 색소에 따라 여러 색으로 나타난다. 변색의 도사인 카멜레온도 족탈불급(足脫不及), 아무리 달려도 문어를 따라잡지 못한다. 문어는 자기 몸의 위장(僞裝), 천적에 대한 경계, 동성에 대한 위협, 이성에 대한 구애 등을 위해서 능수능란하게 몸색깔을 바꾸는 능력을 가졌다! 주꾸미도 여러 가지 면에서 문어와 차이가 없기에 문어 이야기를 바로 주꾸미의 생태로 봐도 무방할 것이다. 더 이어가 보도록 하자.

두족류는 무척추동물 중에서 가장 눈이 크고, 우리의 눈과 아주 유사하다. 두족류의 신경은 아주 굵고 커서(지름이 1밀리미터에 달한다) '신경생리학' 연구에 제격이라 실제로 그 분야에서 가장 많이 쓰이는 실험 재료다. 그리고 무척추동물 중에서 가장 몸집이 큰 것도 이 두족류다. 두족류는 껍데기가 퇴화되었는데 껍데기가 몸 안으로 들어가 흔적으로 남아있으니 갑오징어의 갑(甲, cuttlefish bone)이 바로 그것이다. 갑오징어의 갑을 보통 '뼈'라 하지만 절대로 뼈가 아니고 조개껍데기와 같은 패각인 것이다. 참고로 오징어의 눈에 관한 연구 기사 하나를 소개하고 넘어간다.

미국 과학자들이 발표한 발광오징어에 대한 연구가 광학기술 발전에 기여할 것으로 기대되면서 주목을 받고 있다. 웬디 크룩스 박사 연구 팀은 유프림나 스콜로페스[*Euprymna scolopes*]라는 발광오징어 종의 발광기능을 연구 분석한 보고서를 <사이언스(Science)>지에 발표했다. 이 오징어는 아름답게 장식된 열 개의 발과 두 개의 둥근 눈, 작은 원뿔 형태의 삼각형 지느러미를 갖고 있다. 하와이 섬에만 서식하는 고유종(固有種)으로, 크기는 3센티미터를 넘지 않는다. 일반 오징어와 비슷하지만 발광기능이 있다는 점이 특이하다. 크룩스 박사 팀의 연구 내용을 접한 전문가들은 이번 연구가 새로운 렌즈 개발과 반사섬유 연구에 도움이 될 것으로 전망하고 있다.

금강산도 식후경이 아닌가. 문어나 주꾸미는 단백질 덩어리라 사람들이 즐겨 먹는다. 성경에는 '비늘 없는 물고기'니 기피하라고 했다지만……. 뜨거운 물에 데친 후 쓱쓱 칼로 삐져서 초장에 찍어 먹으면 맛이 일품이다. 문어 토막을 넣고 끓인 김치찌개 또한 군침을 돌게 한다. 지방의 일종인 콜레스테롤이 많이 든 탓이리라. 고소하고 달착지근한 맛은 모두가 지방이 내는 것이니. 문어는 말려서 건어물로 보관하기도 한다. 말린 문어 토막을 젖먹이 아이의 손에 쥐어주면 그것을 젖 대신 쭉쭉 빨아 먹는데 이는 단백질을 보충하는 것이다. 아이들뿐만 아니라 어른들도 군것질로 그것을 먹었으니 옛날 시골장에서는 문어를 파는 사람이 어슬렁거리면서 자주 돌아다녔다. 잘 드는 가위를 한 손에 들고 문어를 목에 치렁치렁 걸치고선, "문어요, 문어!" 하고 고함을 질렀다. 요새는 상상도 못할 장면이 되어버렸지만……. 가난했던 옛날에는 그놈의 '단백질'이 문제였다.

문어와 주꾸미는 다리의 빨판을 이용해 주변을 슬슬 기어다닌다. 그러나 적을 만나거나 공격당할 기미를 느끼면 순식간에 행동이 변한다. 몸 안의 외투강(外套腔) 속에 든 물을 순간적으로 확 내뿜는다. 즉 물이 작은 깔때기(수관)를 빠져나가면서 분사(제트) 수류를 일으켜 휙 내빼게 되는 것이다. 이때 문어와 주꾸미는 물의 저항을 줄이기 위해 머리를 움츠리고 여덟 다리를 바싹 오므린다. 물론 보통 때 외투강 속의 물은 숨을 쉬기 위한 호흡용이다.

오징어나 갑오징어의 경우엔 위장을 하다가도 위급하다 싶으면 먹통의 먹물을 확 뿌려버린다. 먹물이 몸을 가려주기도 하지만 포식자(捕食者)가 먹물 냄새를 맡으며 먹잇감을 찾느라 우왕좌왕하는 사이에 안전지대로 대피할 수가 있다. 가끔은 먹물이 공격자의 감각기관도 마비시킨다고 한다. 이 먹물을 세피아(sephia)라고도 하는데, 먹물은 검은 갈색에 약간 보라색을 띤다. 그래서 이것으로 색소도 만들 수 있는데 그 과정을 보면 다음과 같다. 우선 먹통을 잘라내어 썩지 않게 재빨리 말린다. 그리고 그것을 묽은 알칼리 용매에 녹여 여과한다. 그렇게 얻은 색소를 묽은 염산에 떨어뜨려 씻어낸 후 말린다. 이렇게 해서 그림물감으로 쓴다고 한다. 식물에서만 염료를 뽑는 것이 아니었다.

주꾸미의 사랑

암놈 문어, 주꾸미의 사랑 또한 기특하다. 두족류는 하나같이 암수 딴몸(자웅이체 雌雄異體)다. 수놈이 암놈을 만나면 몸색깔을 이리저리 바꾸면서 좋아한다는 것을 알린다. "사랑한다"는 수런거림이 들려온다! 그런가 하면 수놈끼리 만나는 날에는 난리가 난다. 몸색깔을 확 바꾸어 세력권을 방어하고 수틀리면 생명을 맞바꾸는 것도 마다하지 않는다. 그러다가 암놈이 확실하게 얼룩말 무늬를 띠면 그것을 신호로 알아차리고 재빨리 암놈한테 달려든다.

수놈은 암컷과 확연히 다른 점이 있다. 수컷의 오른쪽 세 번째 다리(오징어는 네 번째 다리) 끝에는 숟가락을 닮은 교접완(交接腕, 짝짓기 팔)이 있다. 수컷은 제 몸에서 만들어진 정자를 끌어내어 모아 덩어리로 만드는데 그것이 바로 정포(精包)다. 그것을 교접완에 얹어 암놈의 입 근방 주머니(외투강)에 집어넣는다. 이것이 주꾸미의 짝짓기다. 저들에게도 사랑이 있고, 희로애락(喜怒哀樂)이 있는 것일까.

문어는 5~6월에 산란한다. 이 시기는 햇빛이 강하게 내리쬐어 수온이 올라가는 때여서 플랑크톤도 늘어난다. 그래서 대부분의 어패류가 이때 알을 낳는다. 그런데 문어의 교접도 명색이 짝짓기다. 시늉하는 것이 어디 쉬운 일인가. 봄이 되면 암놈은 1만여 개의 알을 낳아 이것을 바위 틈새나 구멍, 큰 자갈 사이나 해초더미에 붙인다. 이 알을 부착란(附着卵)이라 하며 알 크기는 지름이 0.3 밀리미터 정도이다. 4주에서 8주 정도 지나면 알에서 유생이 나온다. 물론 유생은 어미를 빼닮았다. 그리고 몇 주간 플랑크톤처럼 물의 흐름에 따라 이동하는 생활을 한 후에 땅바닥에 가라앉는다. 하나 분명한 것은, 알을 바위틈에 낳는 문어보다는 안전한 고둥 속에 낳는 주꾸미가 알을 적게 낳는다는 것이다. 유생의 생존율이 높으면 새끼를 적게 낳는 것이 생물의 본능이다. 물고기 중에서도 안전한 조개껍데기 안에 알을 낳는 중고기 납자루 무리가 다른 물고기에 비해 알을 적게 낳듯이 말이다. 인간 세계도 다른 생물과 다르지 않아서 전쟁이 일어나거나 전염병이 돌아 유아 사망이 늘

때는 출산율이 늘어난다.

알을 낳은 어미는 도망가지 않고 알을 지킨다. 어미 아비의 보호 행동은 주로 알을 적게 낳는 동물에서나 볼 수 있는데 문어는 알을 많이 낳음에도 불구하고 지극한 새끼 사랑을 보인다. 이는 아주 별난 일이다. 바위 기슭에서 버티느라 힘이 다 빠지지만 노심초사하면서 흡판으로 알을 닦아준다. 발을 휘저어 알에 물을 일부러 흐르게 하여 산소를 공급하는 것도 다른 어류와 같다.

주꾸미는 어떠한가. 알을 피뿔고둥 안에다 붙여놓고 입구에 떡 버티고 앉아서 그것을 지킨다. 알을 닦고 물 흘리기를 하는 것은 기본이다. 주꾸미도 가슴앓이를 하는 모성애가 있던가? 있고 말고다. 숭고한 모성애를 지닌 문어, 주꾸미다! 위대하십니다, 그대들. 자식 낳아 길가에 버리는 매정한 동물에 비하면 더더욱 그렇습니다.

오징어 이야기를 하자면 한도 끝도 없지만 여기에 <주간조선>에 썼던 짧은 글 하나를 옮겨놓고 넘어간다.

오늘 밤에도 저 동해안 끄트머리 수평선에는 오징어 배들이 떼지어 몰려들었을 것이다. 하여 대낮같이 밝은 불을 켜놓고 있다. 집어등(集魚燈)의 불빛을 어화(漁火)라고 하는데, 좀 낭만적으로 불러 '고기잡이의 꽃(漁花)'이라 부르기도 한다. 그 휘황찬란한 광경에 눈을 떼기 아쉬운 여름밤 불바다! 밤바다도 이렇게 멋진 풍광을 연출한다.

하지만 숨이 턱에 닿도록 낚싯줄 끌어 올리는 어부는 죽을 맛이다. 여름밤 가로등에 달려드는 부나비처럼 오징어도 밝은 불빛 쪽으로 몰려온다. 실은 빛이 좋아서가 아니다. 빛을 보고 플랑크톤이 수면으로 떠오르고 그걸 먹겠다고 새우와 작은 물고기가 따르니 그놈들을 잡아먹으러 모여드는 것이다.

오징어를 오적어(烏賊魚), 묵어(墨魚)라고 불러왔는데, 이 두 말을 풀어보면 "도적을 만나면 검은 먹물을 내뿜는다."라는 의미가 들어있는 듯하다. 여기서 도적이란 다름 아닌 자기보다 큰 물고기, 즉 오징어의 천적을 말하는 것이다. 큰 고기가 달려들면 도망을 가다가 안 되겠다 싶으면 먹물을 확 뿜어버리고 내뺀다. 따라오던 고기는 먹물에 눈이 가려서 먹이를 못 잡는 것이 아니다. 냄새를 맡으면서 먹잇감을 찾느라 빙글빙글 도는 사이에 오징어가 멀찌감치 도망을 간 것이다. 오징어의 생존전략이 어떤가. 절대로 비겁하거나 치졸한 놈이라 탓하지 말라!

요즘은 교통이 좋아서 수조에서 살아 움직이는 오징어를 만날 수가 있다. 오징어는 움직일 때는 앞쪽의 지느러미와 뒤의 다리를 살랑거리면서 몸의 균형을 조절하지만, 빨리 달릴 때는 입 아래에 있는 깔때기로 물을 뿜어내는 분사운동(噴射運動)으로 잽싸게 이동한다. 오징어, 낙지, 문어 등을 묶어서 두족류 연체동물이라 부른다. 이 동물들은 머리에 다리가 붙어있는 괴이한 꼴을 하고 있다.

오징어는 다리가 열 개인 십각목(十脚目)이다. 우리는 '다리〔각 脚〕'라 하는데 서양 사람들은 '팔(arm)'이라 하니 십완목(十腕目)이

라 번역하기도 한다. 오징어 다리가 발이냐 팔이냐? 문화의 차이
란 무서운 것인가 보다. 열 개 중 두 개의 긴 다리를 가지고 있는
데, 이는 운동을 위한 것이 아니라 먹잇감을 잡거나 상대를 움켜
잡아 정자 덩어리를 넣어주는 교미기(交尾器) 역할을 한다.

그건 그렇다 치고 말린 오징어 몸통을 찢어보면 세로로는 잘 찢기
지 않고 가로로만 찢긴다. 왜 그런가? 둥글게 가로로 뻗은 환상근
(環狀筋)이 길게 세로로 발달한 근육인 종주근(縱走筋)보다 90퍼
센트 이상 발달하였기 때문이다. 그러면 왜 오징어는 환상근이 그
렇게 발달하였을까. 빨리 달리기 위해서는 몸통을 재빨리 오그려
서 몸속의 물을 깔때기로 뿜어내야 한다고 했다. 빨리 움직여서
잡아먹히지 않으려면 결국 몸통을 오그리는 근육인 환상근이 발
달하지 않을 수 없다. 근육도 많이 쓰면 쓸수록 발달하는 것. 물론
오징어의 근육은 콜라겐 단백질이 주를 이룬다. 오징어가 질긴 이
유가 바로 이 콜라겐에 있다.

마른 오징어를 살 때는 발이 몇 개인지 챙기는 것 외에 몸통에 달
랑 동그란 것이 하나 붙어있으니 그것도 따져봐야 한다. 눈이 아
니고 입이다. 매부리 닮은 입은 예리해서 살아있을 적에 오징어에
물리면 손가락이 잘려나간다. 참고로 오징어 눈은 두 개로, 말리
기 시작할 때 내장과 함께 다 떼어버린다.

오늘따라 우리 마음의 고향, 푸르고 끝 간 데 없는 망망대해, 오징
어가 뛰노는 저 푸른 바다가 너무 그립다. 왠지 강릉의 경포해수
욕장으로 달려가 보고 싶다. 그곳에 누가 날 기다리고 있기에?

영리한 주꾸미

세상에서 제일 미련한 것은 주꾸미들이다

소라껍질에 끈 달아 제 놈 잡으려고

바다 밑에 놓아두면 자기들

알 낳으면서 살라고 그런 줄 알고

태평스럽게 들어가 있다

어부가 껍질을 들어올려도 도망치지 않는다

파도가 말했다

주꾸미보다 더 민망스런 족속들 있다

그들은 자기들이 만든 소라고둥 껍질 속에 들어앉은 채 누군가에게

자기들을 하늘나라로 극락으로 데려다 달라고 빈다

한승원 「주꾸미」

한승원 선생님, 주꾸미가 미련하다 하셨지요? 이리 보면 그렇습니다만 저리 보면 꼭 그렇지도 않습니다. 이 영리한 주꾸미 놈이 피뿔고둥에 몸을 숨길 적에 어떤 짓(?)을 하는지 아십니까. 고둥 곁에 돌아다니는 커다랗고 납작한 조개껍데기를 물고 들어간답니다. 물론 입으로 무는 것이 아니라 다리로 붙잡고 들어가지요. 몸을 슬그머니 고둥 안에 집어넣고는 그 조가비로 입구를 막는답니다. 참고로 고둥은 원래 입구를 두꺼운 입 뚜껑(구개 口蓋)으로 가리고

그 안에 들어앉아 있답니다. 물론 생길 때부터 살에 붙어있는 뚜껑이죠. 이게 웬 떡이냐 하고 달려온 적의 눈에는 방금 도망간 주꾸미는 보이지 않고, 입 뚜껑 꽉 닫은 피뿔고둥만이 거기에 덩그러니 버티고 있으니 닭 쫓던 개가 되고 말지요! 도대체 주꾸미, 너는 그것을 어떻게 터득했니? 어디서 배웠냔 말이다? 신통한 일이로고. 어머니가 가르쳐주었구나. 자식은 부모의 거울이니 말이다.

물고기는 물이 없으면 죽지만, 물은 물고기가 없어도 물이다. 고둥은 주꾸미가 없어도 고둥일 뿐. 어째서 주꾸미는 대대로 그 고둥 속에 알을 낳는 것일까. 제가 세상에 태어나 제일 먼저 보고 접한 것이 그 고둥이니 고둥이 어머니로 각인된 것이다. 연어를 보자. 왜 연어는 그 먼 길을 돌아서 제가 태어난 모천(母川)으로 오는가. 이것이 바로 귀소본능(歸巢本能)이다. 주꾸미도 이와 마찬가지다. 제가 태어난 그 고둥을 찾아와 거기에 산란하는 것이다. 봄이 오니 떠났던 제비·백로 떼가 제가 태어난 곳으로 어김없이 찾아들지 않는가. 온통 태생지를 찾아든다. 참 오묘한 생물들의 세계로다! 우리도 언제나 고향을 그리며 산다. 수구초심(首丘初心)! 고향은 핏줄 속에 녹아 흐르는 모천이다.

한데 자다가 봉창 두드리는 소리로 들릴지 모르겠지만, 우리나라에 커다란 피뿔고둥 수가 줄어들어 고둥껍데기까지도 중국에서 수입한다고 한다. 중국에는 없는 게 없나 보다. 먹을 거라곤 죄다 거기서 들여오지 않는가. 하기야 워낙 큰 나라니까. 중국 사람들이 다 함께 양자강에다 오줌을 눠버리면 양자강이 범람하여 우리나라는 바닷물에 잠기고 만다고 하던가.

　한 집안끼리 싸우는 것을 비유하여 "갈치가 갈치 꼬리 문다."라고 하고, 자학행위를 하는 사람을 보고 "갈치가 제 꼬리 잘라 먹는다."라고 한다. "문어도 제 다리 뜯어 먹는다."란 말이 있다. 자기 밑천을 다 까먹는다거나 자기 패끼리 서로 헐뜯는 경우를 말한다. 그런데 그것은 싸움질도 아니요, 자기 학대도 아니다. 배고파서 그런 것이다. 다리가 여덟 개나 되니 한두 개는 없어도 생명에 지장이 없다고 여긴 것이지. 문어의 눈가에 얼핏 붉은 꽃물이 번졌다. 죽지 않기 위해 또 다른 죽음을 택한 것이라고나 할까.

　주꾸미도 다르지 않다. 수조에 넣어둔 주꾸미가 제 다리를 잘근잘근 뜯어 먹고 있더란다! 제 살 뜯기의 그 아픔을 우리가 어찌 알겠는가. 결국 그러다가 '발 없는 문어'가 되겠구나. 권세를 다 잃거나 아무 소용없는 퇴물이 됐을 때 쓰는 '발 없는 문어'가 아닌가. 머잖아 맞이해야 할 죽음, 세월의 무게를 이길 자 뉘더냐. 꽃의 숙명은 바로 오래 피어있을 수 없는 것이라고 했지. 화무십일홍(花無十日紅)이요, 권불십년(權不十年)을 되뇌게 된다. "여덟 가랭이 대문어같이 멀끔"하게 살다 죽어야 할 터인데…… . 죽음을 제 마음대로 못하니 걱정은 걱정이다. 꿀벌이 꿀을 딸 때 꽃잎을 해치지 않듯이, 남을 해코지 않으려고 애를 쓴다고 썼지만, 그래도 내게 날벼락을 맞은 사람들이 있었을 터. 낯 두껍게 한마디 한다면, 부디 용서해주시길. 그게 내 본심은 아니었다고 변명을 늘어놓는다.

　한 선생 시의 끝자락을 다시 보자. "(…) 주꾸미보다 더 민망스런 족속들 있다. 그들은 자기들이 만든 소라고둥 껍질 속에 들어앉은 채 누군가에게 자기들을 하늘나라로 극락으로 데려다 달라고 빈다."라고 맺고 있다. "문어는 문어끼리, 숭어는 숭어끼리 논다."라고 하더니만…….

싸가지 없이 구는 얄팍하고 뻔뻔하고 가증스런 인간의 이기심과 탐심을 비꼬고 있다. 주꾸미와 사람을 나누지 않고, 하나같이 살피는 마음에서 시(詩)가 솟아나는가 보다. 마음을 글에 담는다는 것이 말처럼 그렇게 쉬운 일이던가. 서해의 주꾸미들은 오늘도 피뿔고둥을 어미 삼아 차가운 바다에서 밤을 지샐 것이다.

바위에 찰싹 붙은
홍합의 초능력

    홍합(紅蛤)과 철(鐵)의 만남! 이것은 아주 오래 전부터 관심을 가지고 연구해온 분야인데 여태 성공을 거두지 못하고 있다. 물속에서도 붓으로 쓱쓱 문질러 척척 달라붙는 접착제를 만들기만 하면 돈도 억수로 벌 수 있을 텐데, 어디 만만한 것이 있어야지. 손색없는 접착제는 아직도 실험실 사람들의 피와 땀을 더 마시고 싶은 모양이다. 실은 홍합말고도 굴, 따개비, 환형동물, 다시마 등의 바다나물도 홍합이 달라붙듯이 돌이나 다른 물체에 부착된다. 굴은 두 장의 껍데기 중 왼쪽 것을 바위나 돌에 찰싹 붙인다. 그리고 나머지 하나로 찬찬히 껍데기를 여닫는다. 물이 들어오면 껍데기를 열고 물이 빠져나가면 살포시 닫는다.

　아래의 글은 <중앙일보>(「과학과 미래」, 2004년 2월 5일)에 실린 기사를 필자가 조금 고쳐 썼다. 이 글부터 읽고 이어가 보자.

　"홍합으로 접착제를 만든다?" 그것이 가능할까? 뜬구름 잡는 새빨간 거짓말이 아닌가? 바닷가에 가보면 파도에 흔들리지 않고 바위나 부두에 떡하니 붙어있는 홍합을 쉽게 볼 수 있다. 홍합은 접착제와 같은 섬유조직을 만들어내는 유별난 능력을 가지고 있다. 홍합의 섬유는 사람의 힘줄 뺨친다. 사람의 힘줄보다 5배나 질기고 16배나 잘 늘어나는, 맞수가 없는 멋들어진 자연의 신소재다. 홍합의 섬유조직에 숨어있는 과학적 사실이 미국 퍼듀대의 화학자들에 의해 밝혀졌다. 이 대학 월커 박사 팀은 홍합이 섬유조직을 만들 때 철(Fe) 이온을 이용한다는 사실을 처음 밝혀내고, 연구 결과를 세계적으로 저명한 화학학술지 <안게반트 케미(Angewandte Chemie)> 1월 호에 발표했다.

　홍합의 섬유조직은 아미노산에서 변형된 디히드록시페닐알라닌(dihydroxyphenylalanine, DOPA)을 모태로 만들어지기 시작한다. 철 이온이 DOPA의 산소원자와 붙기 시작하면서 여러 DOPA물질에 둘러싸여 구심점을 이루게 된다. 이렇게 만들어진 단백질 전체에 반응성(反應性)이 높은 활성물질이 형성되면서 아무리 딱딱한 표면과도 반응을 일으킨다는 것이 월커 박사의 추측이다.

　홍합의 섬유조직 연구는 다양한 분야에서 이미 실생활에 접목 중이다. 가장 시장성이 큰 분야가 실을 쓰지 않는 외과용 접합제다. 월커 박사 또한 "우리는 홍합의 섬유조직을 외과용 접합제로 사용하거나 이 시스템을 응용한 합성 접합제를 만들어낼 수 있을 것으로 자신한다."라며 "앞으로 1~2년 뒤면 수술실에서 만나볼 수 있을 것"이라고 기대 섞인 말을 했다. 그도 그럴 것이 홍합의 섬유조직은 본드(bond)와 같은 화학제품 접착제와 달리 독성이 없을 뿐더러 물기가 있는 환경에서도 강력하게 작용할 수 있다는 이점을 갖고 있다. "이는 화학, 생물학, 공학, 재료과학의 접점연구에서 대단히 흥미로운 대상이 될 것"이라고 말했다. 5년 전쯤 국내에서도 한국과학기술원(KAIST) 연구 팀이 앞장서 대장균에서 대량으로 만들어낸 홍합의 섬유조직으로(홍합의 섬유제조 유전자를 대장균에 이식) 수술용 생체 접합제를 개발했다고 발표한 바 있다. 월커 박사의 연구 결과는 항만의 수질오염 정도를 상당 부분 낮춰 줄 전망이다. 지금까지는 구리(Cu)가 포함된 페인트를 선체의 바닥에 칠해서 따개비나 홍합과 같이 배,바닥에 들러붙으려는 생물들을 애벌레 단계에서 박멸하는 방법을 사용해왔다. 그러다 보니 대부분의 항만 수질은 구리 함량이 허용치를 넘어선 지 오래되었다는 보고도 있었다. 철 이온과 반응성이 매우 높은 물질을 선체의 바닥에 칠해 홍합이 섬유조직을 만들어내지 못하도록 한다면 보다 환경 친화적인 페인트의 개발도 가능할 전망이다. 한마디로 이 같은 발견은 수술시의 접착제, 부식 없는 코팅(coating)제, 따개비 등이 선박에 붙는 것을 방지하는 오염방지 페인트 등의 개발을 가능하게 할 것으로 관련 연구계는 큰 기대를 하고 있다.

족사를 내는 홍합 무리

한데 위 글에서 말한 '홍합'은 홍합이 아니라 '진주담치'다. 홍합과 진주담치는 비슷하면서도 다른 종이다. 우선 홍합이 어떤 동물인지부터 보자. 잊어먹고 지나칠까 싶어 어서 하나 써둔다. 갓 까내어 물이 줄줄 흐르는 홍합을 꼬챙이에 줄줄이 꿰어 햇볕에 바싹 말린 것을 합자(蛤子)라 한다. 필자는 합자 넣은 미역국을 참 좋아하고(옛날에는 산후 조리 미역국에 합자를 꼭 넣었다), 꼬치에 끼어있는 마른 합자를 하나하나 뽑아 먹는 것도 즐긴다. 고소하고 달착지근한 아미노산 맛이라니! 말만 해도 군침이 도는구나! 그리고 '홍합'은 보통 아주 큰 종류를 일컫고 '담치'라고 할 때는 작은 무리를 말한다. 껍데기가 두 장인 이매패(二枚貝)인 조개에 속하고, 쐐기 모양을 하거나 둥그스름한 꼴을 하기도 한다.

우리나라에 사는 홍합과 조개는 바다에 '홍합' 등 27종, 민물에 '민물담치[*Limnoperna fortunei*]' 1종이 있다. 녀석들은 죄다 족사(足絲)라는 '질긴 섬유조직'으로 몸을 돌바닥이나 해초, 자갈 등에 딱 달라붙인다. 그런데 한번 어딘가에 착 붙으면 평생을 그 자리에 있을 것 같지만 그렇진 않다고 한다. 환경이 좋지 않다 싶으면 족사를 녹여 떼버리고 다른 곳으로 옮겨가 새 '발 실'을 내어 접착한다고 한다. 그럼 그렇지! 한번 붙었다고 해서 죽음이 찾아오는데도 한사코 거기에 미련을 부릴 리가 있겠나!

이것들이 어떻게 달라붙는지 그 접착 원리를 찾아내겠다고 애를 쓰고 있다는 글을 앞에서 소개하였다. 이것들은 대부분 바위나 바위 틈새에 수두룩하게 달라붙지만 엉뚱한 짓을 하는 것도 더러 있다. 그들의 삶도 아주 다양해서 진흙에 떼지어 사는 놈, 나무를 뚫고 들어가는 무리, 물렁한 성질을 가진 이암(泥巖)에 파고 들어가 사는 '돌살이담치'도 있다. 여기서 이암이란 진흙이 딱딱하게 굳은 바위를 말한다. 세상에 어디 살 데가 없어서 바위를 뚫고 들어가 산단 말인가. 군소리 말아라, 살며시 바위 속에 들어가서 두꺼운 껍데기만 내밀면 목 뗄 놈 없어 좋다!

누가 뭐라 해도 먹는 이야기에는 귀가 솔깃해진다. 우리가 즐겨 먹는 홍합 무리는 그 많은 것들 중에서 고작 홍합, 동해홍합, 진주담치 세 종뿐이다. 다른 말로 이것들은 알이 커서 먹을 것(살)이 있다는 말이다. 홍합[*Mytilus coruscus*]은 우리나라 동, 서, 남해 어디에서나 다 산다. 물 깊은 곳에 살기에 해녀복을 입고 일부러 따러 들어가야 한다. 껍데기가 두껍고 살이 많아서 합자 만들기에 안성맞춤이고, 양이 많지 않아서 비싼 조개에 속한다. 동해홍합[*Crenomytilus grayanus*]은 홍합과 아주 비슷하다. 홍합껍데기가 삼각형에 가깝다면 이것은 껍데기 전체 모양이 타원형에 가깝고, 동해안에만 산다. 물론 맛에서는 큰 차이가 없다. 세 번째로 진주담치[*Mytilus edulis*]다. 우리가 먹는 홍합이라는 것이 바로 이것들이다. 실험재료로 쓴 것도 틀림없이 이 진주담치다. 포장마차에서도 이것을 먹는 것이고, 시장에서 사다가 국물 내고 까 먹는 것, 해물칼국수에 든 것, 배 바닥에 붙은 놈도 바로 이것이다. 이것들을 동해안 깊은 바다에서 양식하기도 한다. 바닷속에 기다랗고 굵은 밧줄을 내려놓으면(수하식 垂下式) 이놈들이 거기에 족사를 내 다닥다닥 달라붙어 자란다.

진주담치('진주홍합'이라 이름 붙였으면 좋았을 것을, 먼저 붙인 이름을 그대로 따라 쓰는 것이 원칙이니 일종의 선취특권인 셈이다)는 크기도 홍합과 차이가 없으나 껍데기가 홍합과 동해홍합에 비해 매우 얇고 몸통(패각)이 볼록한 편이다. 껍데기는 검은 연푸른색이고 껍데기 안쪽은 눈부시게 영롱한 진주빛을 낸다. 그래서 '진주담치'란 이름이 붙은 것이다. 조개껍데기의 제일 안쪽 층을 '진주층'이라 하는 이유는 조금씩 차이가 있긴 해도 모든 조개가 광택을 내기 때문이다. "조개껍데기는 녹슬지 않는다."라고 한다. 천성이 선량한 사람은 다른 사람의 악습에 물들지 않는다는 말! 금강산 단풍에 미추(美醜)가 따로 없나니!

동해안의 부둣가나 부산의 자갈치 시장에 갔을 때 자주 목격하는 것 중 하나가 진주담치를 다듬는 모습이다. 해풍에 몹시 그을린 고뇌의 탈을 쓴 채 질곡의 삶을 살아온 아낙네들이 바다 냄새 물씬 나는 조개를 산더미처럼 쌓아놓고 조개를 일일이 골라 살점을 뽑아내고 있다. 잘 드는 칼날로 두 껍데기 사이를 찔러 앞뒤를 끌어당기면 껍데기를 단단히 묶어 매고 있던 폐각근(閉殼筋)이 잘리면서 조가비가 입을 쩍 벌린다. 불현듯 앞에 나타난 그 모습에 아연 놀란다! 왜 저 조개를 '섭조개'라 하는지 직감적으로 느낀다!

둘레에 보드라운 미색의 외투막이 한가운데 칼 닮은 뾰족 솟은 발을 감싸고 한쪽에는 검은 털 뭉치 족사가 숲을 이루고 있으니 그 모습이 천생 섭이로다! 이 이상 더는 말을 잇지 못하겠다. 불그스레한 대음순(大陰脣)에 불쑥 솟은 음핵(陰核), 대음순을 감싼 거무스레한 음모(陰毛)를 묘사한 것이다. 엷은 분홍색 살과 시커멓고 부숭부숭한 털이 어우러진 꼴이 바로 여자의 음부(陰部) 바로 그것이로다! 닮아도 닮아도 그렇게 빼닮다니! 그래서 여성의 성기를 비유하여 '섭(攝, 끼운다는 뜻이다)', '합자' 또는 '조개'라 하는 것이리라.

돌아와서, 섭조개를 까는 아낙들의 손놀림은 날렵하기 짝이 없다. 눈은 옆 사람을 향하고 있어도 칼은 날쌔게 껍데기 사이를 찾아든다. 말 그대로 끼운다. 조갯살 살은 칼끝으로 떼내어 함지에 담고 껍데기는 수북이 쌓인 조개무덤으로 휙 던져진다. 능수능란, 그 익숙한 솜씨에 놀라 눈이 똥그래진다. 한참 물끄러미 내려다보니 저 아주머니들 손 베이겠다 싶어 바싹 긴장하게 된다. 조개 까기가 다 끝났다 싶으면 끈에다 조갯살 하나하나를 꿴다. 그 묶음들을 그릇에 모으니 어떤 것은 내다 팔기도 하고 짜갠 대쪽에 꿴 것은 줄줄이 볕에 말리니 합자가 되어 제사상이나 미역국 끓일 때 쓰인다. 합자 한 마리도 하늘에서 저절로 떨어진 것이 아니로고. 바다에 내린 줄을 끌어올려 하나하나 따서 알알이 칼로 발라내어 말리니, 손이 가지 않은 것이 없다.

진주담치 이야기를 조금만 덧붙이자. 서양 사람들은 생선은 비린내가 난다고 잘 먹지 않아도 조개는 좋아한다. 진주담치는 원래 지중해에 살았으나 지금은 전 세계적으로 분포되어 있다. 유패(幼貝)가 배 바닥에 철석같이 붙어서 배를 따라다니다 보니 지금은 안 사는 곳이 없게 된 것이다. 물류(物流) 따라간 진주담치! 우리나라에 사는 진주담치도 유럽에서 온 것으로 번식력, 생존력이 강해서 잘 살고 있다. 아니다, 넘칠 지경이다. 유럽에서는 이미 13세기부터 이것을 키워서 먹었다는 기록이 있고, 지금도 굴과 함께 아주 귀하게 여긴다고 한다. 진주담치를 영어로는 블루 머설(blue mussel)이라 하는데 우리가 엄청나게 수입해 먹는 뉴질랜드산 초록입 홍합(green lipped mussel)은 뷔페나 일식집에서 쉽게 볼 수 있다. 우동 스푼을 닮은 황록색 껍데기를 가진 자그마한 조개가 바로 그것이다. 그 조개가 관절 아픈 데 좋다고 하여 뉴질랜드에선 약품으로 개발하여 팔기도 한다. 참고로, 다 같이 껍데기가 두 개짜리지만 족사를 내는 홍합 무리는 머설(mussel), 다른 조개는 클램(clam)이라 하여 구별하여 쓴다. 물론 고둥 무리나 달팽이 같은 '복족류'는 통틀어서 스네일(snail)이라 한다.

　홍합, 담치 무리의 또 다른 특성이 있다. 반드시 떼지어 산다는 것이다. 동해안을 갔다고 치자. 파도가 살랑살랑 치는 청명한 날이다. 밀려왔다 가는 물살 사이에 살짝 비치는, 돌바닥에 가득 붙어 있는 새까만 무언가를 볼 수 있다. 담치 못자리다. 가득 쏟아 부어 놨다는 말이다. 정확히 말하면 '굵은줄격판담치'라는 놈인데, 맨손으로 떼보려 하지만 그놈의 족사가 얼마나 질기고 딱딱하게 붙어있는지 안 떨어진다. 바닷새가 와서 몇 마리 뜯어 먹고 가도 곧바로 서로 밀고 밀려서 빈자리를 메운다. 도망가지 못하는 그들 담치는 숫자로 대적한다. 함성이 끓어오른다. 인해전술이다! 그렇게라도 하지 않으면 씨가 말라버릴 것이다. 나무나 풀이 그렇게 많은 씨앗을 남기는 것도 움직이지 못하고 죽으나 사나 그 자리를 지키고 살아야 하기 때문이다.

조개가 사람 잡는다!

이제는 우리나라에 살고 있는 민물담치 이야기 차례다. 미국에는 민물담치가 750종이나 된다는데 우리는 오직 한 종뿐이다. 이놈들도 떼를 지어 다니는 성질을 버리지 못했다. 새까맣고 조그마한 이 녀석의 몸은 좀 길쭉한 편이고, 역시 물가 바위틈이나 바위 아래에 족사를 이용해 붙어있다. 그런데 녀석들이 걸맞잖게 가끔 큰일을 벌인다. 다른 담치의 껍데기에 달라붙어서 덩어리를 지어 물길을 막는다. 특히 댐의 발전소에서 수도를 틀어막아 손해를 입힌다. 우리나라에서는 아직까지 그런 일은 일어나지 않았으나 대비는 하고 있을 것이다.

미국의 오대호(五大湖)에서는 '얼룩말민물담치(zebra mussel)'의 피해가 상상을 웃돈다고 한다. 1800년대에 유럽에 해를 끼쳤던 이 악종(惡種) 담치가 1986년경에 바닥짐에 묻어 들어와서 오대호를 덮쳤던 것이다. 여기서 '바닥짐'이란 실을 짐이 많지 않은 배가 한쪽으로 넘어지지 않도록 배의 바닥에 돌이나 자갈을 실은 짐을 말한다. 얼룩담치는 식성이 너무 좋다. 그 말은 번식력이 뛰어나다는 말이기도 하다. 그래서 오대호에서 식물성 플랑크톤을 다 집어삼켜서 먹이사슬을 파괴하고, 아무 데나 떼로 달라붙어 생떼같은 조개를 눌러 질식시키고, 물고기의 산란장을 황폐화시키고, 보트까지 못 쓰게 하는 등의 행패를 부렸다고 한다. 독종이 따로 없다. 주정부에서 많은 연구비를 쏟아 부으면서까지 어떻게든 해보려고 했지만 별 뾰족한 수가 없어서 될 대로 돼라 하고 내팽개쳤다고 한다. 자연이 알아서 할 일을 왜 사람들이 달려들어 간섭을 한담? 아주 잘한, 현명한 판단이다. 우리도 그런 경험이 있지 않은가. 황소개구리를 다 잡겠다고 가리사니 없이 방방 뛰면서 마구잡이로 설쳐봤지만 헛수고만 하지 않았는가. 욕을 먹어도 싸다. 그들은 자연이 할 일, 사람이 할 일이 따로 있다는 것을 확실히 깨달았을 것이다.

하나 더 덧붙인다. 따개비나 진주담치와 같이 배 바닥에 달라붙으려는 생물을 유생단계에서 박멸하는 방법으로, 구리가 포함된 페인트를 선체 바닥에 칠한다고 했다. 만약 생물들의 유생이 배 바닥 전체를 뒤덮어, 배가 항해하는 사이에 그것들이 클 대로 다 커버렸다고 치자. 어떤 일이 벌어지겠는가. 바닥짐을 싣지 않아서 좋겠다고? 그러나 그 생물의 무게로 인해 결국엔 배가 움직이지 못한다고 한다. 움직인다고 해도 기름이 많이 들어서 수지가 맞지 않는다. 배가 무거워 가라앉기도 하려나? 아무튼 이러한 이유로 유독물질이 들어있는 것을 뻔히 알면서도 배를 가끔 물 밖으로 끌어내어 페인트칠을 하곤 한다.

식물성 플랑크톤 이야기가 나오니 생각나는 것이 있다. 홍합 등의 조개(패류 貝類)를 잘못 먹으면 죽음에까지 이르게 하는 패류독(毒, toxin) 말이다.

<동아일보> 차지완 기자가 쓴 글 한토막을 읽고 넘어가자.

봄철로 접어들면서 경남 남해안의 홍합에서 나오는 마비성 독성물질의 농도가 점점 높아지는 것으로 조사됐다. 24일 해양수산부 산하 국립수산과학원에 따르면 22일부터 이틀간 부산 가덕도 등 진해만 일부 해역에서 채취한 진주담치(일명 홍합)를 검사한 결과 100그램당 38.2~5.2마이크로그램(1마이크로그램은 100만 분의 1 그램)의 플랑크톤 독성물질이 검출됐다. 이는 식품위생법상 허용기준치(100그램당 80마이크로그램)보다 낮지만 앞으로 해수 온도를 감안했을 때 독소 농도가 더욱 올라갈 전망이다. (…) 한국 연안에서 마비성 패류독소현상은 봄철 수온이 상승하면서 나타나는 유독성 플랑크톤이 홍합, 굴 등에 축적돼 발생한다. 사람이 이를 과다섭취하면 식중독이나 호흡기관 마비, 전신마비 등의 증상이 생길 수 있다. 패류독은 일반적으로 수온 8도부터 검출되기 시작해 20도 이상 상승하면 소멸된다. (…) 해양수산부는 허용 기준치를 초과하는 패류독이 검출되면 식품위생법에 따라 해당 지역에서 조개 채취금지 조치를 내릴 방침이다.

다시 본론으로 돌아와서, 마비성 패류독소현상이 나타나는 것은 보통은 4월 말에 시작하여 6월 말까지 계속되는 연례적인 일로, 여기서 말하는 플랑크톤은 주로 유독성 편모조류(鞭毛藻類, 이끼)들이다. 그렇다. 조개가 먹은 플랑크톤이 독성을 내는 것이지 절대로 홍합 그 자체가 독성물질을 만들어내는 것이 아니다. 조개는 아가미에서 플랑크톤을 걸러 먹는 여과섭식(filter-feeding)을 한다. 유독성 조류에는 프로토고니아울락스 카테넬라[*Protogonyaulax catenella*], 프로토고니아울락스 타마렌시스[*P. tamarensis*] 등이 있으며 이것들은 미국의 조개가 갖는 삭시톡신(saxitoxin)과는 조금 성질이 다른, 고니아톡신(gonyautoxin)계 독을 가지고 있다고 한다. 고둥 무리나 복어가 내는 테트로도톡신(tetrodotoxin)에 대해서는 다음 기회에 이야기하겠다.

패류독은 크게 '설사성 패류독'과 '마비성 패류독'으로 나뉜다. 여기서는 마비성 패류독에 중독됐을 때의 특징을 간단히 기술해 둔다. 마비성 패류독은 조개를 먹은 뒤 30분 이내에 증상이 나타난다. 입술, 잇몸, 혀, 얼굴 등이 화끈거리면서 저리기 시작하여 목과 사지의 감각이 둔해진다. 심해지면 운동실조, 보행장애, 언어장애, 몸이 붕 뜨는 느낌이 드는 부양감(浮揚感)을 느끼다가 결국 호흡마비까지 와 사망에 이를 수도 있다. 조개를 먹고 죽는 수가 있더라? 단세포생물인 조류가 저 죽지 않으려고 만들었던 독성분이 조개를 타고 가서 사람을 잡는다! 다만 조개는 독성 플랑크톤을 먹더라도 성장 등에 아무런 지장이 없다. 아무튼 결과적으로 이

시기만이라도 잠시나마 조개가 사람에게 잡아먹히지 않는다. 그런데 이때가 바로 조개의 산란기이다. 이것이 무엇을 의미하는가. 먹잇감의 독을 써서 산란기만이라도 죽음을 면해보려는 숭고(?)한 작전이 아니겠는가.

조개 독을 줄이는 방법은 있다. 플랑크톤이 축적된 조개의 장(腸) 부위를 제거하고, 수돗물에 10~20분 이상 담근 후, 끓여 먹으면 피해를 최소화할 수 있다. 다른 생물에게는 독이 되는 물질을 갖지 않은 생물은 없다. 특히 생식 시기에 그 물질을 증가시킨다. 바위에 찰싹 붙는 홍합의 초능력 앞에 콧대 센 과학자들이 굽실굽실 마뜩찮게 머리를 조아리며 고개를 들지 못하고 있구나. 날고 뛰는 그들에게 알량한 그 미물이 그렇게 버거운가? 곱씹어 말하지만 자연의 모방이 곧 창조라고 하니 거기에 묘수가 숨어있다.

보배는 보패(寶貝)에서
비롯되었다

아주 귀중한 물건을 이르는 '보배'는 '보패'가 변한 말이다. 보패의 본뜻은 '귀하고 보기 드문 조개껍데기'다. 보패는 속살을 꺼내어도 두 쪽으로 갈라지지 않는 단단한 타원형이며 이빨처럼 가지런한 돌기가 솟아있는 색조개인데 보라색 무늬가 있는 것을 최고로 쳤다.

'보(寶)'의 원형은 지붕을 뜻하는 면(宀) 자 아래에 옥(玉)이 들어있는 모양이었다. 뒤에 가서 거기에다 발음부호 역할만 하는 부(缶) 자를 더하였고, 아래의 패(貝) 자는 조개의 모양을 그린 것이다. 아래의 두 점은 보패를 꿸 때 쓰던 실을 의미한다고 한다.

조개는 은(殷)나라부터 진(秦)나라까지 적어도 1400여 년간이나 돈으로 쓰였으며, 돈이나 재물에 관계되는 재(財), 화(貨), 빈(貧), 천(賤), 매매(賣買) 등의 글자엔 어김없이 조개 패(貝) 자가 들어 있다.

사전에서는 보배를 위와 같이 기술하고 있다. 그런데 위의 글에서 바로잡아야 할 것이 있다. 넘겨짚기를 잘 해야 한다. '조개껍데기'란 것과 '색조개'다. 여기서 돈으로 사용해왔던 것은 조개가 아니고 '개오지고둥(cowrie)' 무리다. '조개'는 납작한 껍데기가 두 개로 짝을 이루는 조가비를 말하고, '고둥'은 둥그스름한 소라를 닮은 것을 통칭한다. 그리고 '색조개'란 것은 '색깔이 예쁜 고둥'이란 뜻으로 새겨들어야 할 것이요, 실제로는 '개오지고둥'을 말한다. 우리나라엔 '색조개'라는 이름을 가진 조개가 없다. 그리고 "아래의 두 점은 보패를 꿸 때 쓰던 실"이라고 했는데, 필자의 생각은 다르다. 조개 패(貝) 자도 두말할 나위 없이 개오지고둥의 모양을 따서 만든 상형문자일뿐더러, '아래의 두 점'은 다름 아닌 이 고둥이 살아 움직일 때 앞으로 삐죽 내민 두 개의 더듬이 모양을 본뜬 것이 아닌가 싶다. 아니면, 개오지고둥을 보면 껍데기의 한쪽에 두 개의 돌기가 뾰족 튀어나와 있는데 그 모습을 본뜬 것 같기도 하다. 그리고 위에서 "보라색 무늬가 있는 것을 최고로 쳤다."라고 했는데, 그래서 개오지고둥을 다른 말로 '자패(紫貝)'라고 부른다. 이것은 중국, 인도양, 태평양 지역에서 돈으로도 사용되었다. 그곳에서 주로 쓸 만한 고둥들이 많이 나는데 그중에서도 패류수집가들이 황금개오지[*Cypraea aurantiunm*]를 최고로 친다고 한다. 그리고 아프리카에서는 노란색 돈개오지[*C. moneta*]를 돈으로 쓴다고 한다.

화폐로 쓰이는 개오지고둥

개오지고둥은 살아있을 때는 껍데기 바깥, 아래 둘레를 부드러운 외투막이 둘러싸고 있다가 죽으면 둥그런 껍데기만 남는다. 껍데기를 뒤집어보면 가운데는 작은 이가 차례로 많이 나있어서 톱니 모양이고 양쪽의 매끈한 껍데기가 입 안쪽으로 오므라들어 맞닿아서 마치 여자 성기 꼴이다. 그래서 옛날부터 이 고둥껍데기를 순산, 다산, 풍숙(곡식이 잘 익는다)의 뜻으로 품에 넣고 다녔다고 한다. 또 자세히 들여다보면 전체적으로 조개 패(貝) 자 모양을 하고 있음을 알 수 있다. 그리고 이가 들락거리는 모습이 이 빠진 어린이 입 모양 같다고 '개오지'란 말을 붙인 듯하다. 개오지는 개호주, 즉 '범의 새끼'를 지칭하는 것으로, "앞니 빠진 개호주 새밋질(샘터 가는 길)에 가지 마라. 빈대한테 뺨 맞는다."라며 앞니 빠진 아이를 빗대어 놀릴 때 쓴다.

  아울러 이 고둥은 복족류로 모양도 예쁘지만 패각이 아주 두껍고 표면이 반드러우며 종에 따라서 크기나 색깔, 무늬 등이 아주 다양하다. 우리나라에서는 '처녀개오지', '제주개오지', '노랑테두리개오지' 등 11종이 넘게 채집된다. 제주도에 가면 개오지에다

'하루방'을 새겨 파는 것을 볼 수 있다. 그리고 개오지는 세계의 패류수집가들이 좋아하는 종으로, 귀한 것은 무척 비싸게 거래된다고 한다. 아직 이 고둥이 돈의 가치를 잃지 않은 것이다. 소설 『강태공』을 보면 모든 거래가 바로 이 고둥으로 이루어지고 있다. 크고 모양과 색깔이 좋은 것이 값이 나가는 것은 당연하다.

은인자중(隱忍自重), 마음속으로 참으며 몸가짐을 신중하게 하라. 솔직히 우리나라 개오지는 별로 인기가 없다. 구색을 갖추기 위해서 사는 거라면 몰라도 말이다. 왜 그럴까. 나비, 개구리, 뱀 등의 변온동물(냉혈동물)도 모두 열대지방의 것이 몸집이 크고 색깔도 원색적이고 다양하다. 조개나 고둥도 마찬가지다. 온대지방의 것들은 씨알도 작고 색도 흐릿하며 무늬도 형편없어 내키지 않는다. 그러니 값이 나갈 리가 없다. 태평양산 조개 전시회에 가보면 크기는 말할 필요도 없고, 정교함과 현란한 색감에 놀라지 않을 수 없다. 눈이 부시고 입이 저절로 쩍 벌어진다.

여기에서 화폐로 쓰이는 또 다른 패류 하나를 소개한다. '뿔조개'라는 종이다. 아직도 이것을 끈에 동전 꾸러미같이 주렁주렁 끼워서 목에 걸고 다니는 캐나다 인디언들을 사진에서 볼 수 있는데 그들은 그것을 화폐 대용으로 쓴다. 시간이 어디서나 똑같이 흐르는 것이 아닌 모양이다. 시간이 멈춰 선 곳이 이 지구상에 더러 있다. 뿔조개란 말은 말 그대로 코끼리의 상아를 닮아 붙여진 이름이고, 모랫바닥을 파고 들어가 살기에 굴족류(掘足類)라 부른다. 우리나라에서는 '쇠뿔조개', '여덟모조개' 등 5종이 채집되며, 가장 큰 것은 쇠뿔조개로, 길이가 15센티미터에 달한다.

　개오지든 뿔조개든 둘 다 껍데기가 잘 마모되지도 깨지지도 않으니 지금 화폐로 쓴다 해도 전혀 손색이 없다. 부피가 나가고 무거워 다루기가 귀찮아서 그렇지. 패류 껍데기는 어느 것이나 다 야물고 질기다. 주성분이 탄산칼슘이라는 물질로 되어있기 때문이다. 다음 방정식을 보자. $CaO + CO_2 = CaCO_3$ 산화칼슘과 이산화탄소가 결합해 단단하기 짝이 없는 탄산칼슘이 된다. 우리 몸의 뼈나 이의 주성분은 무엇인가. 그리고 건물을 짓는 데 쓰는 시멘트는? 모두가 탄산칼슘 아닌가. 다른 말로 조개나 고둥껍데기 등은 지구의 이산화탄소를 저장하여 담아놓는 곳이다. 달걀껍데기도 마찬가지다. 이것들에 염산을 부으면 탄산칼슘이 칼슘과 이산화탄소로 분해되어버린다. 지구에는 공중에 떠있는 0.035퍼센트의 이산화탄소말고도 이렇게 숨어 저장되는 것이 많다.

진주를 품는 어미조개

보패 중에 으뜸은 뭐니 뭐니 해도 진주(pearl)다. 진주가 별 건가? 역시 탄산칼슘이 아니던가. 진주의 성분은 95퍼센트의 탄산칼슘과 5퍼센트 단백질 그리고 수분이다. "하늘나라는 어떤 장사꾼이 좋은 진주를 찾아다니는 것에 비길 수 있다. 그는 값진 진주를 하나 발견하면 돌아가서 있는 것을 다 팔아 그것을 산다." 「마태복음」에서 예수의 가장 큰 메시지인 '하늘나라'를 이렇게 값진 진주로 비유하였다. 그리고 "클레오파트라가 연인인 안토니우스에게

진주를 녹여 황금 술잔에 담아 마시게 했다."라는 등의 일화를 볼 때 진주는 사랑의 정표다.

중국에서는 이미 13세기경에 민물조개인 대칭이, 펄조개 무리에다 조각한 조개껍데기를 집어넣어 '민물진주'를 만들었다고 전해진다. 그리고 지금도 중국의 여러 곳에서 담수산(淡水産) 진주를 생산하고 있어서 필자도 항주 등지에서 그것을 목도하였다. 진주를 파는 곳에 들어가면 함지박에 담겨있는 넓적한 조개를 일단 꺼내서 관광객 앞에서 까서 그 안에 들어있는 진주를 보여준다. 조갯살에서 하얀 진주알이 불가져 나오는 것을 보면 누구 하나 탄성을 지르지 않는 이가 없다. 처음 보는 사람에게는 정말 신기하게 느껴지지 않을 수 없다. 방주(蚌珠)를 물고 있는 조가비! 가늘 길 없는 신산(辛酸)의 고통, 몸서리치게 쓰리고 아파도 끝까지 토하지 않고 몇 년을 그렇게 품고 있었다니……. 빈주(蠙珠)가 크고 예쁠수록 어미조개 모패(母貝, mother of pearl)는 시리고 아렸을 것이다. 그 아픔을 새끼 진주는 알고 있을까? 살갑게 견뎌온 어미의 애간장을! 그 무거운 너를 안고 다닌 고달픈 어머니를!

어떤 조개로도 진주를 만들 수는 있지만 문제가 되는 것은 진주의 상품가치다. 결국 어떤 모패를 쓰는가에 진주의 질이 달렸다. 그리고 '담수산 진주'보다는 '해산(海産) 진주'가 더 인기를 끈다. 바닷조개로 진주를 만들 수 있는 것이 '진주조개(pearly oyster)'다. 우리나라에서 채집되는 진주조개는 모두 4종이고, 대표적인 것이 진주조개[*Pinctada japonica*]다. 진주조개는 전체적인 껍데기 형태는 사각형에 가깝고, 각정(殼頂, 껍데기의 꼭대기)은 앞쪽으로 치우쳐 있으며, 앞뒤로 뾰족 나온 귀의 크기가 비슷하다. 제일 바깥의 각피(殼皮) 표면에는 비늘 모양의 작은 돌기들이 성장맥(成長脈)을 따라 촘촘히 나있다. 가장 안쪽 껍데기(진주층)는 말 그대로 눈부시고 영롱한 진주광택을 낸다. 납작한 진주조개는 수심 10미터 근방에 홍합처럼 족사를 내서 바위에 달라붙는다. 이 조개로 고급 양식진주(養殖眞珠, cultured pearl)를 만든다. 우리나라 남해안에서 양식하는 조개가 바로 이것이다. 크기는 세로(각고 殼高), 가로(각장 殼長)가 각각 9센티미터, 8센티미터 정도다.

우리가 즐겨 부르는 「진주조개잡이」에도 진주조개가 나온다. 어디 같이 불러보자!

새파란 수평선 흰 구름 흐르는 / 오늘도 즐거워라 조개잡이 가는 처녀들 / 흥겨운 젊은 날의 콧노래로 발을 맞추며 / 부푸는 가슴마다 꿈을 달고 / 파도를 넘어 새파란 수평선 / 흰 구름 흐르는 오늘도 즐거워라 / 조개잡이 가는 처녀들

우리나라에서 진주조개 양식이 가능한 곳은 완도에서 충무에 이르는 한려수도의 청정 지역이다. 기록을 찾아보니, 경남 통영군 도산면 수월리 바닷가에 있는 '해덕 진주양식장'은 1987년 한·일 합작으로 세워졌고 3년간의 시험가공 기간을 거쳐 1990년에 첫 국산 진주를 시장에 선보였다고 한다. 자괴지심(自愧之心), 부끄러

운 마음을 금할 수 없다. 그러나 한ㆍ일 합작을 하지 않을 수 없다. 거듭 말하지만 배움은 부끄러워할 일이 아니다. 낯선 것을 두려워하거나 피하지 말라 하지 않는가. 기꺼이 맞서야 한다.

무엇보다 진주를 키워낼 종패(種貝, 씨조개) 개발이 큰 문제였다. 종패를 얻는 데 성공한 것이 지난 1990년의 일로 그 품질도 일본 수준과 거의 비슷했다고 한다. 사실 일본은 전 세계 진주 생산량의 95퍼센트를 차지하고 있다. 다행인 점은 그들의 것은 A급 비율이 얼마 안 되는 반면, 우리는 생산량의 대부분이 A급인 만큼 조금만 더 노력하면 일본을 따라잡을 수 있지 않을까 싶다. 또 지금은 원(原) 진주와 가공(加工) 진주의 수출비율이 7 대 3인데 전문 가공 인력만 얻을 수 있다면 부가가치를 한층 높일 수 있을 것으로 보고 있다. 진주조개의 한살이는 평균 5년으로 어린 조개의 채묘(採苗)에서 삽핵(揷核, 핵을 집어넣음)까지 보통 3년이 걸리고, 다시 2년 정도의 기간을 거쳐야 채취가 가능해 진주조개 양식은 엄청난 인내를 필요로 한다. 땅의 보석인 인삼재배에 맞먹는 시간과 노력이 든다.

해덕 진주양식장의 경우 4월 말부터 11월 말까지는 충무에서 앳된 조개를 키우고, 12월이 되면 따뜻한 서귀포에서 겨울을 나게 한다. 대개 5월부터 핵(核, nucleus) 심기를 시작해 7월 말이나 8월 초면 작업이 끝난다. 그냥 진주조개를 바다에 넣어두는 게 아니라 보름 간격으로 꺼내 조개에 붙은 이물질을 제거해준다. 목선을 짓는 이들은 목선을 만든다고 하지 않고 "목선을 모은다."라고 하는

데, 이들도 조개를 키운다고 하지 않고 "조개를 만든다."라고 말한다. 씨(핵)를 집어넣을 수 있게 조개를 만드는 것이다.

잔잔한 바다에서는 훌륭한 뱃사공이 만들어지지 않는다. 조개의 육질을 튼튼하게 하기 위해 수온의 변화를 주고, 바닷물에 깊이 넣는 등의 과정을 거친다. 이런 억제작업을 거쳐 알집(난소 卵巢)을 빼내 마취시킨 다음, 핵을 조개껍데기와 그것을 싸고 있는 얇은 외투막 사이에 집어넣는다. 이것이 '삽핵'이다. 껍데기의 제일 안쪽이 진주층인데, 진주물질을 분비하는 것은 외투막의 끝자락에서 한다. 결국 몸 안에 들어온 이물질을 무해한 것으로 만들려고 진주조개는 진주성분을 그득 분비하여 그것의 둘레를 싸버린다. 이것이 인공진주가 만들어지는 원리다.

우리 몸에서도 비슷한 일이 일어난다. 전쟁터에서 날아온 총알이 몸 안에 박히면 그 둘레를 딱딱한 섬유성 물질이 뒤덮는다. 또 탄광에서 오래 일한 사람들 중에서 진폐(塵肺)환자가 생기곤 하는데, 진폐는 허파에 먼지가 쌓여 생기는 직업병으로 그들의 허파에서 석회화(石灰化) 현상이 일어난 것이다. 이 두 경우와 인공진주가 만들어지는 원리가 같다. 석회화는 허파에 박힌 석탄가루를 무해화(無害化)하기 위해 석회가 석탄가루를 둘러싸는 것을 말한다.

그리고 조개에 집어넣는 핵은 두꺼운 조개껍데기를 잘라서 둥글게 간 것으로 보통 미국 미시시피 강에 사는 두꺼운 조개를 쓴다. 한때는 우리나라의 두드럭조개[*Lamprotula coreana*]를 대량으로 잡아서 일본으로 수출한 적이 있었다. 나중에 알고 보니 바로 진주조개의 핵을 만들기 위해서였다. 지금의 서울 워커힐호텔 앞쪽 한강 강나루에, 쏟아 부은 듯 많았던 그 두드럭조개가 이렇게 쉽게 위기종(危機種)이 될 줄을 누가 알았겠는가. 세월의 독을 머금은 탓이리라. 두드럭조개는 코레아나[coreana]라는 종명에서 알 수 있듯이 우리나라 고유종으로, 민물산 조개 중에서 껍데기가 제일 두껍다. 아주 큰 놈은 두께가 7밀리미터나 되고 색깔도 희뿌연 것이 진주조개의 핵으로 쓰기엔 안성맞춤이다.

진주조개 속에서 핵은 1년에 약 0.5밀리미터 정도 자란다. 핵의 크기에 따라 진주 크기가 결정되기 때문에 욕심 같으면 큰 핵을 집어넣으면 좋겠지만, 그러면 힘이 달려 토해버리거나 부대껴서 모패가 줄초상 나는 수가 있다. 결국 양식진주라는 것은 얄궂게도 딱딱한 둥근 조개껍데기 표면에 천연진주성분을 살짝 입힌 것이다. 통째로 진주성분이 쌓인 천연진주에 비하면 가짜라고 할 수 있다. 천연진주는 작은 모래 알갱이나 기생충 등의 이물이 들어왔을 때 생성된 것이라 핵이 없다시피 하다. 아무튼 제대로 삽핵이 되었다 해도 진주를 만들 수 있는 확률은 70퍼센트 정도이고, 그 중에서 상품가치를 지닌 것도 70퍼센트 정도에 지나지 않는다. 채취가 된 진주는 다시 정교하고 깔끔하게 가공작업을 거치게 된다.

아픈 상처를 영롱한 보석으로 승화시키는 진주조개의 인내를 삶의 교훈으로 삼아야 하겠다. 노방생주(老蚌生珠)라! 늙은 조개가 진주를 낳는다. 나무도 나이를 먹을수록 노거수(老巨樹)로 모신다. 나무는 해가 쌓일수록 늠름해지는데 동물은 나이를 먹어 늙으면 하나같이 추해진다. 사람들은 어이하여 한평생 자식들 치다꺼리 하느라 등이 활처럼 휜 노인을 천대하고 뒷방으로 내쫓는지 모르겠다. 여기 노인들의 신세타령 몇 구절을 들어보자. 늙어 낙명(落命) 않는 사람 없다는 것을 유념하면서 말이다. 어디서 본 글을 필자가 첨삭하였다.

늙은이가 되면 설치지 마소. 미운 소리, 우는 소리, 헐뜯는 소리 그리고 군소릴랑 하지도 말고, 조심조심 일러주고 알고도 모르는 척 바보스럽고 어수룩하소. 제발 푸념 늘어놓지 마소. 속이 허한 사람 말이 많다오. 이기려 하지 마소, 져주시구려. 채움보다 비움이 아름답습니다. 부끄러움을 알면 오래 산다는구려. 한 걸음 물러서서 양보하는 것이 지혜롭게 살아가는 비결이라오.

돈, 돈 욕심을 버리시구려. 아무리 많은 돈을 가졌다 해도 죽으면 가져갈 수 없는 것. 많은 돈 남겨 자식들 싸움하게 만들지 말고 살아있는 동안 많이 뿌려서 산더미 같은 덕을 쌓으시구려. 언제나 감사함을 잊지 말고, 어디서나 언제나 고마워하시오. 대박 차려다 쪽박 차는 수가 있으니.

그렇지만 그것은 겉 이야기. 정말로 돈을 놓치지 말고 죽을 때까지 꼭 잡아야 하오. 옛 친구 만나거든 술 한 잔 사주고, 손주 보면 용돈 한 푼 줄 돈은 있어야 늘그막에 내 몸도 돌보고 모두가 받들어준다나. 우리끼리 말이지만 그게 사실이라오. 옛날 일들일랑 다 잊고, 잘난 체 자랑일랑 하지를 마소. 우리의 시대는 다 지나갔으니 아무리 버티려고 애를 써봐도 몸이 마음대로 되지를 않소. 당신은 뜨는 해 나는 지는 해, 그런 마음으로 지내시구려.

자녀, 손자 그리고 이웃 누구에게든지 좋게 뵈는 늙은이로 사시구려. 곱게 늙으란 말이오. 노탐(老貪), 노욕(老慾)은 못 써요. 늙은이 고집 황소고집이란 말 명심하고. 그러나 멍청하면 안 돼요, 아프면 안 돼요. 심전(心田)을 갈라는 말이오. 삶의 열정엔 마침표가 없어요. 어차피 걸어보지 않은 길을 가는 것. 잠 못 이루는 밤은 길고 다리가 피곤하면 갈 길이 멀게 느껴지는 법. 늦었지만 바둑도 배우고 기(氣)체조도 하시구려. 삶의 찌듦을 해소하는 빠른 길이니. 혼자 겉돌지 마소. 친구들과 탁주라도 나누시구려. 긴병에 효자 없는 법, 건강하여 자식들 불효자 만들지 마소. 아무쪼록 건강하게 오래오래 사시구려.

제 살 먹이고 껍데기만 남기는 우렁이

    누군가는 "흘러가는 모두를 사랑한다."라고 했다. "우렁이는 자기의 살을 한 점 남김없이 새끼들에게 먹이로 주고, 자기는 빈껍데기가 되어 조용히 물에 떠내려간다. 제 살 먹이고 껍데기만 남기는 우렁이처럼⋯⋯."

    아무튼 글 쓰는 사람들은 알아줘야 한다. 삼라만상을 남다르게 꿰뚫어보고, 거기에 나름대로 살을 붙여서 멋진 작품을 만들어내니 말이다. 거울 속의 그림자가 실물이 되어 자기를 허상(虛像)으로 비춰보며 '시를 굽는' 사람들은 말할 나위도 없고⋯⋯.

    위의 우렁이 이야기도 그렇다. 사실이 아닌 것

을 누가 읽어도 그럴듯하게, 곧이듣게 만들어놓고 있지 않은가. 없는 것도 있게 만드는 요술사가 '작가'들이다. 절대로 그들을 폄훼하자고 하는 넋두리가 아니다. 필자도 허튼소리 뇌까리는 거짓말쟁이니까, 유구무언!

하나 더, 다음 글은 한 학생이 쓴 보고서의 일부다.

어린 시절에 잠들기 전에 엄마가 이야기를 많이 들려주셨는데, 한 번은 조근조근 들려주시는 이야기를 듣고 펑펑 운 적이 있었습니다. 논에 사는 우렁이가 새끼에게 자신의 살점을 다 파먹게 하고 나중에는 껍데기만 남아 물에 둥둥 떠내려가자 새끼 우렁이들이 "우리 엄마 춤추네~ 우리 엄마 춤추네~"라며 좋아했다는 이야기였습니다. 그 이야기를 듣고 "나는 절대로 우렁이같이 엄마한테 어깃장 놓지 않을게요."라고 말했을 때 미소 짓던 엄마 표정이 아직도 생각납니다. 그렇지만 지금의 저는 그 말을 지키고 있지 못한 것 같아 죄스러운 마음이 듭니다.

분명히 위의 두 글에서 '우렁이'는 '논우렁이'를 일컫는 것이리라. 논우렁이는 논에 사는 우렁이이다. 지금 사람들에게는 아무런 상관없는 이야기이다. 체험하기 어려운 일이란 뜻이다. 과거는 지나서 없고 미래는 오지 않아서 없는 것이다.

필자 세대의 농촌 출신들은 누구나 늦가을이면 '단백질 사냥'에 바빴다. 벼를 다 벴으니 메뚜기 놈들은 죄다 논두렁이나 언덕배기로 내뺐고, 미꾸라지는 농수로 아래 물 괸 웅덩이로 몰려나있다. 이것들이 주된 사냥감이었다. 절대로 주전부리나 하려는 것이 아니다. 그때는 가족의 건강이 여기에 달려있었다. 찬 서리가 내리는 소삽(蕭颯)한 가을날 마지막 수렵에 나선다. 논바닥에 고개를 박고 살금살금 훑기 시작한다. 벼 그루터기 사이사이에 실 눈금처럼 짜개진 틈새에 초점을 맞추면서. 경험보다 더한 지식은 없는지라, 한눈에 그것이 어디에 들어있는지 감지해낸다. 조상 대대로 논우렁이 잡아먹은 눈썰미가 유전되어 내림해온 것이다.

'경험' 이야기가 나오니 생각이 나는 게 있다. 내가 모아놓은 글 중에서, <불교신문>(1941호)에 아용 스님이 쓴 글의 일부를 여기에 옮긴다. "경험을 가진 사람을 신뢰해야 한다."라는 부처님의 말씀이 가장 마음에 와 닿는다. 그리고 사람은 자기가 만난 사람의 수만큼 현명해진다는 말이 이것과 겹쳐서 문득 떠오른다.

나이가 들어가면서 부러운 사람이 많다. 언제 어디서나 자기의 주장을 당당하게 내세울 수 있는 사람, 실력을 갖추고 있으나 거만하지 않은 사람, 늘 남을 배려하면서 모두를 포용할 수 있는 사람들이 그들이다. (…) 그중에서도 진정한 자유인의 얼굴을 한 사람을 만나면 부럽다 못해 선지식을 뵐 때처럼 진심으로 존경을 감추지 못한다. (…) 그것은 누구에게나 가능한 평범한 삶의 모습이기에 그렇다. 그러면 진정한 자유인은 어떻게 가능할까? 그것은 바로 많은 경험에서 얻어지는 것이다.

부처님은 일찍부터 경험이야말로 최상의 스승임을 갈파했다. "경험을 가진 사람을 신뢰해야 한다. 옷은 새것보다 좋은 것이 없고, 사람은 경험 많은 사람이 좋다. 좋은 경험은 잘 갈아놓은 토지와 같다. 이 경험이라는 토지는 필요에 따라 무한한 힘을 발휘하고, 그로 인해 소유자에게 많은 수확을 얻게 한다. 상식과 결합된 경험은 인간에게는 소중한 보배와도 같다. 인간은 그들의 경험에 비례해서 현명해지는 것은 아니다. 경험을 받아들일 수 있는 능력에 비례해서 현명해진다. 경험에서 얻은 교육이 가장 좋은 교육이다."라고 하셨다.

(…) 경험은 단연 여행이 최고요, 다음은 독서라고 목소리를 돋운다. 여행은 자연의 흐름을 따라서 살아가는 인간 본연의 모습과 만날 수 있는 귀중한 체험임에 틀림없다. 여행이란 결국 무엇을 보러 가는 것이 아니라 그 과정을 통해서 수많은 '나'를 만나는 것이다. 여행 중에는 모든 사건이나 사물에서 얻은 경험이 내 안에 들어와 나를 만들어간다.

논우렁이 암수 구별법

다시 가을 논바닥으로 여행을 하자. 천천히 훑다 보면 벌어진 진흙 틈새 꼴이 다름을 단방에 알아차린다. 물론 헛방을 놓는 수도 있지만. 차디찬 흙바닥에 맨손가락을 쑤셔넣는다. 차갑고 매끈한 느낌이 손끝에 닿는다. 맞다. 논우렁이가 거기에서 겨울나기를 하고 있는 것이다. 군침이 돈다. 보글보글 끓는 된장국에 가뭇가뭇

떠있는 논우렁이가 냅다 혓바닥을 때린 것이다. 구수하고 달착지근한 아미노산 맛이라니!

"삼천포로 빠지다."라는 말이 있다. 부산, 마산에서 목포, 광주로 바로 가야 하는데 그만 중간에서 아래쪽 삼천포(三千浦)로 가버렸다 하여 쓰는 말이다. 삼천포 사람들은 그 말이 그리도 싫었는지 사천읍과 통합해 이름을 '사천시'로 바꿨다고 한다.

또 엉뚱한 곳으로 빠졌다. 앞에서 우렁이 어미가 새끼들에게 살점을 다 주고 빈껍데기가 되어 물에 떠내려간다는 글을 읽었다. 왜 작가는 그런 글을 쓰게 되었을까.

논우렁이(논고둥)는 논은 물론이고 강, 늪지, 연못 등 아무 데나 잘 사는 복족류 연체동물이다. 요샛말로 하면 오염에 강하다. 일본에는 4종이 있으나, 우리나라에는 논우렁이[*Cipangopaludina chinensis malleata*]와 큰논우렁이[*C. japonica*] 2종이 살고 있다. 논우렁이는 암수딴몸이며, 알을 낳지 않고 새끼(치패稚貝)를 바로 낳는다. 몸 안에서 알이 수정되고 거기서 발생하여 새끼 고둥으로 태어난다. 이런 발생을 난태생(卵胎生)이라 한다. 알의 형태로 태어나 어미의 몸 밖에서 부화하는 난생(卵生), 어미 몸 안에서 태반(胎盤)을 통해 양분을 얻어먹고 커서 태어나는 태생(胎生)과 구별이 된다. 부언컨대, 논우렁이는 알이 어미 몸속에서 발생하여 새끼가 되어 태어나지만 제가 가지고 있는 양분을 쓰지 어미에게서 양분을 얻지 않는다.

우렁이 어미는 새끼를 다 낳으면 쇠잔해져 기력을 잃고 새끼들

옆에서 말없이 표표히 떠나버린다. 배고픈 새끼 녀석들은 어미고 뭐고 모른 채 어미 살을 뜯어 먹기 시작한다. 어미의 속살까지 다 파먹는다. 하여, 어미 우렁이는 빈껍데기만 남아 물 따라 둥둥 떠 내려가더라! 그래서 '제 살 다 먹이고 껍데기만 남는 어미 우렁이'라 썼으니, 멋들어진 관찰에다 기막힌 표현이다.

늙어빠진 우렁이라면 앞의 이야기가 그럴싸하다. 허나 모든 우렁이가 판판이 그런 것은 아니다. 보통 논우렁이가 5~6년을 너끈히 살고, 태어난 지 1년이면 어미 행세를 한다니 말이다. 요샌 논에다 살충제를 하도 퍼부어서 논우렁이 씨가 말랐다. 그러나 강이나 호수 등 다른 곳은 아직 별 문제가 없이 제자리를 지키고 있나 보다.

논우렁이는 암수가 따로 있다고 했다. 제아무리 논우렁이를 키운다고 해도 껍데기만 보고는 암수를 구별하지 못한다. 그러나 우렁이끼리는 쉽게 짝을 알아낸다. 그래야 배우자를 찾는 시간과 에너지를 줄일 수 있다.

잘 보면 우리도 암놈과 수컷을 구별할 수가 있다. 수조에서 논우렁이를 키운다고 생각하자. 생태를 유심히 관찰하면 눈에 번쩍 띄는 것들이 있다. 그렇구나! 녀석들은 이동을 하거나 먹이를 먹을 때 더듬이를 길게 내뻗는다. 땅에 사는 달팽이라면 더듬이 끝에 똥그란 눈이 매달려있으련만 물에 사는 비슷한 모양의 논우렁이는 눈이 거기에 없다. 잘 보면 더듬이 아래쪽, 껍데기 가까이 검은 점, 즉 눈이 보인다. 달팽이처럼 더듬이 끝에 눈이 붙는 무리를 병

안(柄眼, 자루 눈), 논우렁이같이 더듬이 아래쪽에 눈이 있는 것들을 기안(基眼, 바닥 눈)이라 구분한다.

이제 진짜 논우렁이의 암수 구별법이다. 쭉 더듬이를 뽑은 상태를 보면 암놈은 두 더듬이가 곧게 뻗어있는데, 수놈의 더듬이는 둘이 짝을 이루지 못하고 있다. 오른쪽 더듬이가 아주 작고 끝이 살짝 꼬부라져 있는 것이 수놈이다. 우리 눈에도 쉽게 판별되는데 자기들끼리야 한눈에 딱 알고 말고.

논우렁이 암놈 한 마리가 보통 30~40여 개의 어린 새끼를 지니고 있고, 그것이 태어나 1년이면 벌써 성패(成貝)가 되어 알을 밴다. 엊그제 어미 등을 타고 놀던 녀석들이 어느새 어른이 되어서. 실제로 논우렁이를 잡아보면 커다란 주머니(자궁) 안에 꼬마 논우렁이가 넘쳐난다. 이놈들이 커서 어미를 잡아먹는다고 했던가.

'살모사'라는 뱀도 난태생을 한다. 아랫배에서 뱀 새끼 여러 마리가 술술 기어나오니, 어미를 먹이로 알고 '어미를 죽이는 뱀', 살모사(殺母蛇)가 된 것이다. 첨언컨대, 살모사는 절대로 어미를 죽이거나 잡아먹지 않는다. 혹여나 어미가 죽는 날엔 우렁이 어미 짝이 날진 모르겠지만. 이렇건 저렇건 어미를 잡아먹는 놈이 어디 그놈들뿐일라고. 우리 사람도 하나 다를 게 없다.

아무리 미련하고 못난 사람도 제 요량이 있고 한 가지 재주는 다 가지고 있다. 이런 것을 "우렁이도 두렁 넘을 꾀가 있다."라고 한다. 그리고 속으로 파고들면서 굽이굽이 돌아서 헤아리기 어렵거나, 의뭉스런 속마음을 비유하여 "우렁이 속 같다."라고 한다.

또 거처할 곳이 없는 사람이 "우렁이도 집이 있다."라고 하여 우렁이 같은 미물도 태어나면서 어미한테 받아 나온 집이 있건만 자신은 그렇지 못함을 한탄할 때 쓰기도 한다. "우렁이 새끼는 어미 뜯어 먹고 산다."라는 말은 모든 어미는 자식을 위해 희생한다는 뜻이 들어있는 것이리라.

도대체 '어머니'란 무엇일까? 어디에선가 이 글을 읽고 울컥 내장을 다 쏟았다.

6·25 전쟁 때의 일이었다. 총탄과 포탄이 빗발치는 전쟁은 절대 두 번 다시 일어나지 말아야 할 비극이다. 통곡의 극치가 전쟁이며 죽음의 죽음이 전쟁이다. 한쪽 다리가 잘리고 잘린 다리에서 피가 뿜어져나오고 목이 잘린 군인이 소총을 들고 꿈틀대는가 하면 이미 죽은 시신에서는 파리 떼가 들끓고……. 이들은 누구를 위해 총을 들었는가? 그리고 누구를 위해 죽어갔는가? 전쟁은 어떤 이유에서든지 절대 일어나서는 안 된다.

그런데 이 전쟁 중에 심장을 뜨겁게 한 감동의 실화가 있다. 한창 추운 겨울인 1·4 후퇴 때 미군 장교 한 사람이 무선 두절로 지휘통제가 제대로 안 돼 모든 군인들이 무질서하게 퇴각하는 중에 어느 다리 밑을 지나려는데 다리 밑에서 아이 울음소리가 가냘프게 들려왔다.

중공군의 반격에 한시가 급한 상황이었으나 미군 장교는 차를 멈추고 다리 밑으로 내려갔다. 아! 그런데, 그런데 입을 벌린 채 다

물지 못할 광경이 눈앞에 전개되었다. 아이는 엄마의 속옷과 겉옷에 싸여 울고 있었고 아이 엄마는 알몸으로 아이를 껴안고 이미 죽어있는 것이 아닌가? 탯줄도 자르지 못한 상태로 양수와 피를 쏟아낸 채로.

만삭이었던 아이 엄마는 피난 도중 해산기가 돌아 장소를 찾았으나 주위는 온통 모진 바람이 불어대는 황량한 들판뿐이었으리라. 그러다 피한다고 피한 곳이 다리 밑이었는데 아무도 없는 삭풍이 몰아치는 그곳에서 홀로 해산을 해야만 했다. 달리 바람 막을 곳을 찾지 못한 산모는 구석진 한곳에서 혼자 극도로 산고의 고통을 겪어야만 했을 것이다.

남편을 불렀으리라. 소리쳐 불렀으리라. "여보! 여보! 당신, 어디 있어요? 여보! 어디 있어요? 나 어떻게 해야 되나요? 아무도 없어요! 손에 잡을 아무것도 없어요! 여보, 이 찬바람만이라도 막아줘요! 나 지금 어떻게 해야 하나요?" 남편을 부르짖으며 아이를 낳았으리라. 피난 보따리들을 피난 중 모두 잃어버렸으므로 산모는 자신의 몸을 내어놓는 일밖에는 다른 도리가 없었다. 자식을 위해 그냥 주기만 해야 하는 어머니의 사랑으로…….

아이를 낳았지만 아이를 감쌀 수 있는 건 아무것도 없었다. 불가항력이란 이를 두고 한 말인가? 엄마는 속옷을 벗어 아이를 감쌌으나 너무나 얇았다. 아이가 울부짖으며 파리해져가는 모습이 안쓰러워서 자신의 겉옷마저 모두 벗어 아이에게 입히고 온몸으로 감싸 안고 젖을 물렸다. 그러고는 남편을 부르고 또 부르고 이름도 짓지 않은 아이도 부르고 부르다가 외침소리가 서서히 잦아들면서 그렇게 죽어갔다.

미군 장교는 이 기막힌 광경을 보고 쏟아지는 눈물을 훔치며 당시 상황이 상황인지라 달리 어떻게 할 방법이 없어 돌무덤으로 산모를 덮어주고는 뒤를 돌아보고 또 돌아보며 떨어지지 않는 발걸음으로 떠나야 했다. 아이를 엄마의 옷으로 감싸 안은 채.

그 이후 본국으로 돌아간 미군 장교는 이 아이를 입양하여 길렀다. 그리고 아이는 무럭무럭 자라 장성한 청년이 되었다. 그런데 어느 날, 아들이 아버지에게 물었다. "아버지 왜 나는 동양인으로 자라났습니까?", "진짜 나의 부모는 누구입니까?" 때가 왔다고 생각한 퇴역 장교 아버지는 조용히 아들의 두 손을 잡고 그때의 상황을 소상히 전해주었다. 그 아들은 상기된 표정으로 그곳 다리 밑에 가고 싶다고 하였다.

퇴역 장교는 아들과 함께 그 현장에 갔으나 이미 그곳에는 도로와 집이 들어서서 무덤을 찾을 수가 없었다. 아버지가 무덤 근처라고 가리키는 장소에 아들은 한참 서있더니 옷을 한겹한겹 벗어놓으며 어머니를 불렀다. "어머니 이제 편히 잠드세요. 이 아들이 어머니께 옷을 입혀드릴게요." 아들이 옷을 다 벗은 그날도 살을 에이는 듯한 바람이 불어대고 있었다.

그래서 "어버이 살았을 때 섬기기 다하여라. 지나간 후에는 애달프다 어이하리."라고 일러주지 않던가.

큰 시장이나 마트에 가보면 논우렁이를 팔고 있다. 국산도 있고, 중국산도 쉽게 볼 수가 있다. 어디서 저렇게 많이 나오는가 싶을 정도로 그득그득 쌓여있다. 고개가 갸우뚱해진다. 알고 보니, 강이나 연못에서 하나하나 잡은 것이 아니었다. 물론 습지에서 잡은 것도 있겠지만, 거의가 먹이를 줘서 키운 것이다. 사육 우렁이! 그것도 우리 것이 아닌 외국에서 수입해 사료를 먹여 키운 '섬사과 우렁이[*Pomacea insularus*]'가 논우렁이로 둔갑한 것이다. 이 우렁이들은 원산지가 남아메리카로 대만, 일본을 거쳐 우리나라로 들어온 것이다. 맛이 비슷하니 그냥 사다 된장찌개에 넣어 먹는다. 알면서도 속는다.

그것들은 논의 잡초를 먹어치워서 제초제(除草劑)를 대신해준다. 바로 '우렁이 영농법'으로 논에 제초제를 뿌리지 않아서 좋다. 동남아에서도 이런 방법으로 농사를 짓는다고 한다. 그런데 저 남쪽 녀석들은 온실에서 논으로 도망쳐 나와 자연 상태에서 월동을 한다고 하니 두고 볼 일이다(중부지방에서는 월동이 안 된다). 자연환경을 교란시킨다는 것을 말한다.

재래종 논우렁이는 요리도 다양하다. 된장에 넣으면 국물이 시원해서 좋다. 또 삶아서 초장에 찍어 먹기도 하고 버터에 볶기도 한다. 졸깃졸깃 씹히는 맛 또한 감칠맛이 난다. 옛날 단백질 부족한 그때 논우렁이는 메뚜기, 미꾸라지와 함께 가을의 특선요리였다.

논우렁이는 메마른 논바닥 속에서 월동을 한다. 물 한 방울 없고 흙은 꽝꽝 얼어 붙은 그 속에서 논우렁이가 죽지 않고 살아있단다. 물속에서는 아가미 호흡을 했지만 한겨울엔 외투막(껍데기 안을 둘러싸고 있는 막)으로 호흡을 한다. 독하디독한 놈이로다!

논우렁이를 논하면서 사촌뻘인 다슬기를 지나칠 수가 없다. 다슬기는 사람들이 논우렁이보다 더 즐겨 먹는 민물산(淡水産) 복족류 연체동물이 아니던가. '다슬기'가 표준말이지만, 지방마다 부르는 이름이 다 다르다. 우선 춘천만 해도 다슬기를 '달팽이'라 부르고, 충청도에서는 '올갱이'로 알려져있다. 올갱이는 '올챙이'를 닮았다고 부르는 말이라고 한다. 여기에 방언을 죄다 써보자. 소래고동, 갈고동, 민물고동, 고딩이, 대사리, 물비틀이, 달팽이, 소라, 배드리, 물골뱅이, 다슬기(유종생 저, 『한국패류도감』에서 따옴) 등이다. 이래서 표준이 되는 우리말 이름이 꼭 있어야 하는구나 하고 느끼게 된다. 한 나라 안에서도 이러하니 나라끼리, 학자들끼리는 어떻겠는가. 그래서 린네가 만든 명명법을 중심으로 세계 공통의 이름인 학명을 만들어 쓰게 된 것이다. 남북한 학자도 만나면 서로 부르는 이름이 달라 말이 통하지 않아서 결국 학명으로 얘기한다고 하지 않던가.

'달팽이 해장국'만 해도 그렇다. 된장에 여린 배춧잎 등을 넣고 다슬기 알을 까 넣어 푹 끓여 우려내니 국물이 시원치 않을 수 없다. 간에 좋다는 성분이 들었다고 하는데 믿거나 말거나, 믿져야 본전이다.

필자도 어릴 때 단백질원(源)인 소래고동을 수없이 잡았다. 녀석들은 볕을 싫어해서 햇볕이 쨍쨍 내리쬐면 돌 밑으로 슬슬 숨어버린다. 그럴 때는 돌을 일일이 들춰서 잡아야 한다. 그러나 구름 낀 흐린 날에는 돌 밖으로 기어나오니 한 톨 한 톨 도토리 줍듯 한다. 그런데 녀석들이 귀가 밝아서 발소리를 듣고(실은 진동을 느껴서) 돌에서 툭 떨어져 누워버리니 잡기가 힘들다.

또 바람이 훼방꾼이다. 물결이 일면 맑은 날씨에도 강바닥이 흐릿해서 통 보이지 않는다. 그래서 새로 개발된 신무기가 생겨났다. 우리 어릴 때는 없던 기구인데, 플라스틱 테 안에 맑은 유리를 박은 것이다. 그것을 물 표면에 살짝 올려놓으면 물결에 상관없이 바닥이 환히 보여 비 오는 날에도 다슬기를 잡을 수 있다. 이런 기발한 생각을 누가 해냈을까. 필자의 유년 시절에 이 무기만 있었다면 키가 조금은 더 컸을 텐데…….

호수가 생긴 다음에는 배를 타고 다슬기를 잡는다. 배 위에서 바닥에 끌개를 내려놓고 배를 냅다 달려 다슬기를 긁어낸다. 나는 그들을 어부(漁夫)라 하지 않고 '패부(貝夫)'라 부른다. 그들의 수입이 꽤 짭짤하다고 한다. 다슬기 값이 천정부지로 솟았다는 말이겠다.

춘천의 중앙시장에서 한 아주머니가 다슬기를 판다. 어디서 구해오는지 연중 내내 팔고 있다. 1킬로그램에 8~9천 원 하던 게 엊그제 같은데 지금은 1만 3천 원을 호가한다. 절대로 싼값이 아니다. 껍데기 빼면 살은 얼마 안 되니 쇠고기보다 훨씬 비싼 셈이다.

이놈을 물고기 기르듯 키울 순 없을까? 떼돈을 벌 수 있을 텐데 말이다. 농부들이 돈을 들여서 여러 방법을 다 동원하여 키워봤지만 그게 그리 쉽지 않았다고 한다. 아마도 언젠가는 사료로 키운 다슬기를 먹는 날이 오긴 오겠지. 이렇게 값이 나가다 보니 약삭빠른 사람들은 눈을 중국으로 돌린다. 우리 먹을거리의 태반이, 아니 그 이상이 중국에서 온다. 채소에서 민물고기, 재첩, 다슬기 등 물에 사는 생물까지 싸그리 들여온다. 좋고 나쁜 것 구별 않고 눈에 띄는 것은 다 들여온다. 문제는 죽은 것이 아니고 생물을 산 채로 가져온다는 것이다.

중국 붕어를 얼려 들여와 낚시터에 풀어놓는 일은 이미 오래되었다(얼음이 녹으면서 스르르 살아나 천지사방으로 흩어진다). 영산강 하류 하동 근방에 나는 재첩이 고가로 팔리는데, 거기에도 어김없이 중국산을 갖다가 몰래 섞어서 파는 사람이 있다. 그런 짓을 하는 사람들은 돈이라면 나라도 팔아먹을 인간들이다. 다슬기도 그렇게 수입하여 팔고 있다고 하는데 생긴 것이 비슷해 구별하기도 어렵다고 한다. 정식 수입이면 말도 않겠지만 밀수가 다반사다. 그런데 이들 외래종이 우리나라 토종과 교배하여 잡종이 생겨난다. 딱히 나무라고 탓할 수는 없는 일이다. 저희들끼리 좋아서 교배하는 것을 어찌 막겠는가. 울타리가 없는 세상인데.

우리나라에는 다슬기가 7종이 산다. 가는 곳마다 색깔·모양·크기가 다 다르다. 같은 종이지만 살고 있는 환경에 따라 조금씩 다르게 변하는 것을 개체변이라 한다. 우리나라 사람이 외국에 나가서 오래 살다 보면 그곳 사람들과 조금씩 닮아가는 것과 같은 현상으로 보면 되겠다. 어느 생물이나 환경의 산물이 아닌 것이 없다. 가끔은 환경의 제물이 되기도 한다. 바로 적자생존이요 자연도태, 자연선택인 것이다. 적응이라는 것이 생존에 얼마나 중요한가를 설명하고 있다.

7종의 다슬기 중에서 5종은 난태생이고 나머지 2종은 난생을 한다. 앞에서 이야기한 논우렁이처럼 저를 빼닮은 치패를 낳는 놈이 있는가 하면 알을 낳는 종류도 있다는 말이다. 우리나라 전역에 골고루 사는 '곳체다슬기[*Semisulcospira gottschei*]'는 제일 크고 길쭉하며 껍데기가 울퉁불퉁 거칠다. 그런데 주로 인제, 평창, 영월 등지에만 사는 다슬기가 있다. 이것들은 모두 물살이 아주 센 곳에 사는 놈들로 '염주알다슬기[*Koreanomelania nodifila*]'와 '구슬알다슬기[*K. globus*]'다. 수류(水流)의 저항을 줄이기 위해 껍데기가 염주나 구슬처럼 동글동글하고 매끈하게 되어버렸다. 이것이 바로 적응이다. 길쭉하거나 껍데기에 모가 난 것들은 다 떠내려가 그곳에 살지 못한다. 그런데 이 두 종은 알을 낳는 난생이다. 이것들은 잡아서 잘 관찰해보면 알이 나오는 홈(산란 홈)이 오른쪽 생식공(生殖孔)에서 발바닥까지 깊게 파여 있다. 어째서 물이 차고 빠르게 흐르는 곳에 사는 놈들이 알을 낳는지 그 이유가 궁금하다. 난태생을 하는 다슬기는 그런 홈이 없고 생식공으로 바로 새끼를 낳는다.

여느 다슬기가 다 그렇다. 입 안에 있는, 탄산칼슘이 주성분인 딱딱한 치설로 돌에 붙어있는 조류를 먹고산다. 다슬기를 수조에서 키워보면, 이끼가 낀 유리벽에 달라붙어 이끼를 핥아 먹으면서 말갛게 먹은 자국을 낸다. 또 유리벽 바깥에서 보면 넓적한 근육발을 활짝 펴고, 입을 오물거리면서 먹이를 핥고 갉아먹으니, 그 입술 사이에 치설이 들어있다. 수조에 다슬기를 키우면 수조 청소를 대행해줘서 좋다.

다슬기는 암수가 따로 있지만 겉으로만 보면 암수 구별이 안 된다. 통계적으로 암놈이 수놈보다 조금 크다고 한다. 큰 다슬기 한 마리가 많으면 새끼를 7백여 마리나 품고 있다니 다산(多産)하는 놈이다.

세상에 소중하지 않은 것은 하나도 없다

아무리 작은 것에도 귀중한 아름다움이 있다. 내친김에 아무도 알아주는 이 없는, 보통 사람들에게는 금시초문일 물달팽이[*Radix auricularia*]와 수정또아리물달팽이[*Hippeutis cantori*] 무리를 간단히 설명한다. "억지가 사촌보다 낫다"라고, 힘들어도 우리 같이 물가로 가보자. '물달팽이'는 강가나 연못에서 흔히 볼 수 있는 놈이다. 모양이 둥그스름하고 옅은 회색 껍데기를 가진, 작은 밤톨만한 것이 물가에 스멀스멀 기어다닌다. 껍데기가 연하고 얇아서 조금만 잘못해도 껍데기가 깨지고 다친다. 물달팽이는 연못 생태계에서는 소비자로서 아주 중요한 몫을 한다. 아마도 이것들이 살지 않는다면 물새들, 특히 백로나 왜가리는 먹이가 없어서 살지 못했을 것이다. 필요 없이 태어난 것이 어디 있던가. 세상에 소중하지 않은 것은 하나도 없다!

물달팽이는 알을 낳아서 새끼를 친다. 투명한 한천질(寒天質, jelly)의 주머니에 알을 가득 모아 넣어서 수초나 땅바닥에 붙여둔다. 물달팽이를 수조에 키우면서 알을 받아 발생실험 재료로 쓰기도 한다. 4~5월 물이 뜨뜻해지기 시작하면 여기저기 벽에 붙여놓은 알 덩어리를 볼 수가 있다. 날씨가 풀리니 물뭍을 가리지 않고 어느 생물이나 다 자손 퍼뜨리기에 심혈을 기울인다. 한데 왜 요즘 사람들은 자식 낳기를 꺼려하는 것일까. 죽어 남기고 가는 것은 오직 '유전인자'뿐임을 저 생물들은 다 알고 있는데……. 산아제한을 하는 동물은 이 세상에 딱 하나가 있더라? 생물 다큐멘터리를 보면 넓은 터를 차지하여 더 많은 새끼 낳으려고 그 야단을 하지 않던가. 우리 땐 아들딸이 없는 노인들은 논우렁이, 다슬기, 메뚜기, 미꾸라지 맛도 보지 못했다. 자식이 먹이 사냥꾼이자 재산이었다. 태어나면서 먹을 것 다 가지고 나오고, 밥값은 다 했으니까.

'또아리물달팽이[Gyraulus convexiusculus]'도 논이나 연못, 강 등 물달팽이가 사는 곳이면 같이 산다. 녀석은 몸이 아주 납작하여 따리 꼴을 하고 있다. 껍데기에서 제일 먼저 생긴 태각(胎殼, 껍데기의 정수리 부위)이 제일 가운데에 눌려져있고, 점점 자라면서 둘레에 껍데기가 불어 차근히 붙어나간다. 우리나라에는 이 무리가 모두 3종이 서식한다. 어느 생물이나 나름대로의 특징을 갖지 않은 것이 없는 법. 또아리물달팽이 무리는 대부분의 무척추동물이 헤모시아닌을 갖는 것과 달리 붉은 호흡색소(산소나 이산화탄소를 운반하는 색소)인 헤모글로빈을 가지고 있는 것이 특이하다. 그래서 피가 붉기에 몸도 붉은색을 띤다. 헤모시아닌보다는 헤모글로빈이 가스교환에 훨씬 효율적이라고 하니 이 동물은 산소가 부족한 물에서도 견딜 수가 있다. 다른 말로 오염이 된 곳에서도 살 수 있는 것이다.

검은 비닐봉지에 싸온 다슬기를 커다란 그릇에 쏟아 붓고 물을 부어둔다. 그러면 다슬기들은 꾸물꾸물 기어서 서로 먼저 그릇 벽에 붙으려고 애를 쓴다. 그렇게 반나절이나 하룻밤을 재워 해감을 뺀다. 먹은 것을 토하기도 하지만 똥을 눠서 속을 비우게 하는 것이다.

다슬기 요리법

다슬기 먹는 이야기로 끝을 맺을까 한다. 다슬기를 씻을 때는 함지박 같은 데 다슬기를 들이부어 온힘을 다해서 통째로 싹싹 문질러 씻는다. 그러면 놈들은 화들짝 놀라 발을 몸 안에 집어넣고 입을 꼭 다물어버린다. 각구(殼口, 입)의 입구를 갈색의 동그란 딱지(구개 口蓋)로 꽉 틀어막고 있지 않은가. 흔히 이것을 '눈'이라고 부른다. 사정없이 문질러댄다. 껍데기끼리 맞닿으면서 나는 마찰음이 기분 좋게 들리지는 않지만 견딜 만하다. 어디서 저런 음악을 들어볼 수 있겠는가. 잠시 후면 맛있는 요리가 될 테니 말이다. 됐다 싶으면 구정물은 버리고 깨끗한 물을 끼얹는다. 진흙은 물론이고 껍데기의 이끼까지 깨끗이 씻어야 한다.

그리고 껍데기에 묻은 물이 떨어지게 한동안 소쿠리에 담아둔다. 녀석들은 짬만 나면 "왜 이리 답답해." 구시렁거리며 비좁은 사이를 빠져나오려고 발을 뻗어서 꼼지락거린다. 제가 살던 강으로 달려가고 싶은 게지. 그걸 보고 있노라면 불쌍하다는 생각이 든다. 바로 옆 솥에서 물이 펄펄 끓고 있다는 것을 꿈에도 모르는 다슬기들. 내일 일도 모르면서 천년이나 살 것처럼 설쳐대는 내 꼴이나 하나도 다를 게 없구나! 소쿠리를 가만히 들어서 끓는 물에 재빨리 확 쏟아 붓는다. 발을 벌린 채 죽어야 살을 빼내기가 쉽기에 그러는 것이다. 느끼하지 않게 소금으로 간을 맞춰 푹 삶아, 파랗게 우러난 국물은 따로 따라두고 껍데기는 식혀서 살을 빼내기 시작한다.

빼죽이 나온 앞머리에 굵은 바늘 끝을 콕 찔러서 껍데기를 뱅그르르 한 바퀴 돌리면서 살점을 뽑아낸다. 오른손에 바늘을 쥐고 왼손에 다슬기를 잡았다 치자. 바늘을 찔러 껍데기를 왼쪽으로 돌리면 자동으로 내장까지 쑥 빠져나온다. '우렁이 속'에서 나온지라 살도 끝이 돌돌 말려있다. 하나하나 깐 것이 작은 사발에 그득해온다. 처음에는 먹느라 속도가 붙지 않지만 일단 맛을 본 다음에는 열심히 모은다. 그것을 접시에 담아 초고추장에 버무려 먹는 맛도 일품이지만 다슬기를 넣고 된장을 풀어 푹 끓이면 맛좋은 '달팽이 해장국', '올갱이국'이 된다. 속 풀이로는 으뜸이다!

다슬기를 먹을 때 입에 씹히는 것은 모래가 아니라 암놈 다슬기가 품고 있던 어린놈이다. 먹고 난 후 그릇 바닥에 남아있는 까뭇

까뭇한 것은 무엇일까. 거무스레한 것들을 자세히 들여다보시라.
허허, 그러고 보니 수많은 다슬기를 먹은 셈이로군.

귀를 빼닮은
전복

　"내 귀는 하나의 조개껍데기, 그리운 바다
의 물결 소리여!" 그렇다. 동해가 품고 있는 드넓
은 바다에 가면 가슴을 탁 틔게 하는 수평선이
있어 좋다. 사위에 구름 한 점 없어 바다 너머 끝
자락이 바른 듯 굽어보이는 것은 지구가 둥글다
는 증거라고 했다. 수평선을 따라 아스라이 보일
듯 말 듯 배 한 척이 떠있다. 실낱 같은 연기를 내
놓았기에 그것이 배라는 것을 안다. 다시 보면 어
느새 자리를 옮긴 배. 배 없는 바다를 생각하면
처연하기만 하다. 항구가 있기에 배들은 그녀의
품에 안겨 고됨을 풀 수가 있다. 그래서 남자는
배, 여자는 항구라고 했던가. 하긴 배 없는 항구

도 삭막하긴 매한가지다. 아무튼 바다는 그리움의 바람을 일게 하는 곳이다.

바닷가를 어슬렁거리다가 납작한 조개껍데기를 주우면 저절로 그것을 귀에 갖다대게 된다. 조가비말고도 커다란 고둥 입을 귀에 대봐도 "싸아 – 싸아 –!" 파도 소리가 세차게 들려온다. 공명(共鳴) 때문에 생기는 음(音)인데도 우리는 그것을 '파도 소리'로 느낀다. 바다로 돌아가고 싶은, 바다에서 낙지(落地, 태어나다)한 놈들이 내지르는 아우성이 녹아있는 게 아니겠는가. 하여튼 가슴 설레게 하는 바다임에 틀림없다. 바다는 겨울 바다가 제일이라 했으니, 오는 한겨울에는 파천지열(破天地裂), 하늘이 깨지고 땅이 갈라져 자빠지는 한이 있어도 강릉의 경포 바닷가를 거닐어보고야 말리라.

바다에 사는 패류 중에 사람의 귀를 가장 많이 닮은 것이 바로 전복(全鰒)이다. 전복을 생포(生鮑) 또는 전포(全鮑), 석결명(石決明), 구공라(九孔螺), 천리광(千里光)이라고도 하고, 생것을 생복(生鰒), 찐 것을 숙포(塾鰒), 말린 것을 건복(乾鰒)이라 부른다. 건복은 명포(明鮑)라 하여 중국요리의 귀중한 재료가 된다. 전복을 영어로는 이어 셀(ear shell), 아발론 셀(abalone shell)이라 하는데, '당나귀의 귀(ass ear)'를 닮았다는 뜻이다. 그리고 일본 사람들은 이패(耳貝)라고 하는 것을 보면 인간이 보는 눈은 너나없이 같은 모양이다. 귀〔耳〕에다 귀〔耳貝〕를 대니 바닷소리가 또렷이 들리지 않을 수 없다. "내 귀는 소라껍데기, 바닷소리를 그리워한다."

우리나라에 사는 전복은 5종이다. 대표적인 것이 둥근전복

[*Haliotis discus discus*]과 말전복[*H. gigantea*], 오분자기[*H. diversicolor supertexta*]이고, 속명 할리오티스[*Haliotis*]는 라틴어로 '바다의 귀'란 뜻이라고 한다. 어쨌거나 전복이 '귀'를 닮은 것은 사실이다.

전복은 제주도를 포함한 따뜻한 남부 해역에서 자란다. 그래서 요새는 그곳에서 전복을 많이 키운다. 알고 보니 물고기나 조개, 고둥 등등 양식하지 않는 것이 없다. 양식하는 전복은 오분자기와 말전복으로 큰 놈은 각장(껍데기 길이)이 20센티미터에 달한다. 그런데 세상에서 가장 큰 전복은 미국의 서해안에서 나는 할리오티스 레페스켄스[*H. refescens*]로 무려 30센티미터에 달한다고 한다. 그런 놈은 한 마리만 잡으면 실컷 회 쳐 먹고 한껏 죽 쒀 먹고도 남겠구나.

전복은 연체동물의 복족강(腹足綱), 원시복족목(原始腹足目)에 든다. 다른 것들보다 일찌감치 지구에 온 생물이란 뜻이다. 그런데 그것이 몸에 좋다니 '고물딱지'도 쓸모가 있나 보다. 생화석이라 부르는 은행나무의 이파리에도 피돌기를 좋게 하는 물질이 있어서 귀한 대접을 받듯이 말이다. 사람만 늙으면 애물단지, 인간말자(人間末者) 대접을 받는다.

한데 언뜻 떠오르는 뭔가가 있다. 전복은 껍데기가 하나가 아닌가. 그러니 이것이 껍데기가 뱅뱅 꼬이는 권패류(卷貝類)인 고둥도 아니고, 그렇다고 두 장의 껍데기로 되어있는 쌍패류(雙貝類)인 조개도 아니지 않느냐는 것이다. 분명히 복족류라면 고둥 무리를 칭

하는 것인데, 고둥은 어느 것이나 여러 개의 층(나층 螺層)이 있는 것을 안다. 제일 위에 있는 아주 작은 태각이 있는 나층에서 시작하여, 나선형으로 꼬여 자라면서 점점 그것이 커지고, 제일 마지막에 입이 열리니 이것을 체층(體層)이라 한다. 체층은 여러 나층 중에 가장 커서 껍데기의 대부분을 차지하는 것도 있다. "역사는 나선형으로 꼬임을 반복하면서 발전한다."라고 하던가.

패류의 황제, 전복

전복껍데기를 잘 들여다보자. 왜 전복껍데기가 하나인지(one-shelled snail)를 알아보자는 것이다. 둥그스름한 껍데기에는 울툭불툭한 돌기(나륵 螺肋)가 많이 있고, 위쪽 끝에 구멍 여러 개가 가지런히 뚫려있다. 왼편에 있는 태각으로 눈을 돌려보자. 태각의 끝쪽이 곧 각정(껍데기의 꼭대기)이다. 각정에서 껍데기가 오른쪽 방향으로 살짝 꼬이면서 다른 나층 없이 넓적한 체층이 곧바로 펼쳐진다. 전복껍데기는 나층이 아주 작게 흔적만 있고, 넓적한 체층이 거의 전부를 차지하기 때문에 하나의 껍데기로 보인다. 삿갓조개(limpet)도 체층이 껍데기의 거의 전부를 차지하지만 전복처럼 납작하지 않고 삿갓 꼴을 한다. 그러나 잘 보니 껍데기 왼쪽 끝에 약간 튀어나온 태각과 꼬임이 있었다. 그래서 복족류임이 틀림없다.

그리고 하나 더 눈여겨볼 것이 있다. 전복껍데기가 태각에서 오른쪽으로 굽이치면서 자라났는데, 거기에 듬성듬성 색깔이나 구성이 조금씩 다른 나이테를 발견할 수가 있다. 그것을 헤아리면

나이가 몇 살인지를 한번에 알 수가 있다. 그리고 전복은 복족류라 발이 아주 발달했고, 널따랗게 퍼진 발로 바위에 찰싹 달라붙는다. 납작 붙은 전복을 맨손으로 떼낼 수 있는 힘센 장사는 없다. 전복 등짝도 공간이라고 여러 생물이 생활 터전으로 삼아서 더덕더덕 눌어붙어 산다. 밭을 봐도 그렇다. 풀들은 손바닥만 한 터도 그대로 남겨두는 일이 절대 없다. 새것이 나거나 아니면 줄기를 뻗어서 푸름으로 덮어버린다. 하기야 사람도 다를 것이 없다. 오랜 여행의 결과로 얻고 본 것을 대라면 이렇게 답하리라. "배산임수(背山臨水), 뒤에 바람을 막아줄 산이 있고 물을 얻을 수 있는 곳이면 사람들이 옹기종기 달라붙어 살더라. 지구의 어느 곳에서나 다 그렇더라."라고.

그러면 체층 위에 볼록볼록 줄지어 솟아있는 돌기, 그 끝에 난 구멍은 무엇인가. 그것도 왼쪽에 먼저 난 것들은 구멍의 흔적만 남긴 채 모두 막혀있다. 앞에서 전복을 '구공라'라고도 한다고 했는데, '구공'은 '아홉 개의 구멍'이고, '라'는 껍데기가 꼬인 '고둥'을 말한다. 당연히 그 구멍은 바로 껍데기에 나있는 '호흡공(呼吸孔)'을 의미한다. 초기 발생 때는 구멍이 모두 22개 정도가 생겨나지만 성패가 되면 4~8개를 남기고 모두 막히고 만다. 전복이나 말전복은 3~4개를, 오분자기는 7~8개를 남긴다. 모양이 비금비금할 때는 구멍의 수를 헤아려본다. 구멍의 개수가 전복을 분류하는 중요한 기준이 된다는 뜻이다. 아무튼 호흡공이 없는 전복은 없다. 그 구멍은 출수공(出水孔)으로 전복의 배설물인 똥오줌이 그곳을 통해 물과 같이 배설된다. 숨도 쉬고 똥오줌도 걸러내는 곳이다. 커다란 전복껍데기는 구멍으로 물이 빠져나가니 천연 비눗갑으로 최고다. 진주색 바탕에 새하얀 비누를 올려놓으면 조화로워 보인다. 이것이야말로 자연과 인조의 하모니가 아닌가.

전복은 암수가 따로 있다. 껍데기로 암수가 구분되어 옛날에 껍데기를 사러 다녔던 아주머니들이 암컷을 더 비싸게 사간다고 했었는데, 어떤 기준인지는 모르겠다. 그런데 살을 들어내 보면 쉽게 알 수 있다. 생식소(生殖巢)가 황백색인 것이 수컷이고 녹색인 것이 암컷이다. 전복 내장 젓은 맛이 있고, 값도 아주 비싸다. 그리고 전복회는 전복을 깨끗이 씻은 다음 먹기 편하게 얇게 썰어놓은 것인데 이렇게 생으로 먹는 것이 몸에 제일 좋다고 한다. 이때 '전복의 똥'이라 할 수 있는 내장을 함께 먹어야 전복을 먹었다고 말할 수 있다나? 그러나 우리 같은 서민에게는 화중지병(畵中之餠), 그림의 떡일 뿐이다. 아무리 키워서 잡아먹는다고 해도 전복은 값이 비싸니 말이다.

그러나 필자는 운 좋게 딱 한 번 먹어봤노라! 큰사위가 집에 처음 올 때라 대접을 잘해야 했다. 사위에게 '전복 내장'을 먹여서 놀라게 해주자는 내 공갈(?)에 마누라가 안 넘어갈 수가 있나. 먹고 싶은 것이 있으면 사위를 판다? 덕택에 향이 풍기면서도 짭짤하고 특이한 맛이 나는 전복 내장을 먹어볼 수 있었다. 물론 간엔 기별도 안 갔지만. 거울 속의 얼굴은 해마다 달라지는데 어린 마음은 여전히 작년 그대로군. 천진난만을 잃지 않으면서도 단아하고 절제된 삶을 살아가리라. 어려운 말은 귀에 들어오지 않는 법. 한 마디로 곱게 늙겠다는 각오다.

전복은 4, 5월경에 산란한다. 암수가 따로 있으니 암놈이 먼저 알을 낳으면 뒤따라(귀신같이 알아차려) 수놈들도 정액을 뿜어내어, 물속에서 수정이 일어난다. 다시 말해서 체외수정(體外受精)을 하는 것이다. 수정란은 담륜자(trochopora), 피면자(veliger)의 유생 시기를 거치면서 플랑크톤 생활(planktonic life)을 약 일주일 한 후에 밑바닥에 가라앉아 달라붙는다. 한 달만 지나면 2밀리미터 정도의 크기로 자라서 어미와 닮은꼴이 된다.

전복을 사육하기 위해서는 종패를 얻어야 하는데 여기에도 기술이 따른다. 기술이란 덜 죽이고 더 많이 살려내는 것을 말한다. 무엇보다 사료 만들기가 중요하다. 전복 무리는 초식을 하지만 아칸티나[Acanthina sp.]라는 전복은 껍데기에 뾰족 나온 돌기로 조개껍데기를 열어 그놈을 잡아먹는다고 한다. 육식성인 전복도 있더라.

보통 11~12센티미터 정도 크기의 성패를 부화용으로 사용한다. 암수 생식소를 끄집어내어 짜서, 섞어 수정시킨다. 미리 배양된 규조(硅藻)를 먹이로 써서 약 6개월간 사육하는데 그동안에 1~1.5센티미터 정도 자란다. 이 치패를 중간 사육장으로 옮겨 6개월을 더 키우면 3~4센티미터 정도로 자라고, 그때면 바다(가두리)로 내놔 파래, 미역, 다시마, 감태(甘苔, 김) 등으로 2~3년을 더 키운다. 1년 동안 2.5센티미터, 2년이면 5센티미터, 5년이 되면 15센티미터 정도로 자란다. 물론 종이나 환경의 차이에 따라 성장 속도가 다 다르다.

필자는 얼치기 농사꾼이다. 고추, 감자, 무, 배추 하나를 키우는데도 5년이 넘게 숱한 실패를 한 다음에 이제 겨우 틀을 잡았는데, 전복을 키워내는 데는 얼마나 많은 시행착오가 있었겠는가. 멋도 모르고 투자해서 신세 망친 사람들도 쌔고 쌨을 것이다. 세상에 쉬운 일이 없는 법. 누워 떡 먹기가 쉬워보여도 눈과 콧구멍에 떡고물이 들어간다는 것을 알아야 한다.

전복 자랑을 좀 해보자. 전복은 옛날부터 패류의 황제로 군림해왔고 때로는 옛 문헌에도 신비의 대상으로 자주 등장했다. 궁중요리에서도 전복을 빼고는 설명이 안 될 정도로 맛과 영양 면에서 으뜸이었다고 한다. 한방의 『명의별록(名醫別錄)』에는 전복을 석결명(石決明)이라 하여 청맹(靑盲)도 고칠 수 있고, 장복(長服)하면 몸이 가벼워지고 눈이 밝아질 뿐 아니라 청력(聽力)이 강해지는 효과도 있다고 기록되어있다. 참고로 또 다른 생물에도 석결명이 있다. 결명차(決明茶)를 끓일 때 넣는 열매, 그 열매를 맺는 풀도 '석결명'이라 부른다.

그 밖의 여러 문헌에서도 전복의 효과를 기록하고 있다. 특히 산모가 젖이 말랐을 때 전복을 고아 먹으면 큰 효과가 있고, 병후 건강회복과 정력에 좋다는 말도 있다. 주로 병중이나 후에 전복죽을 먹는데, 영양이 어쩌고저쩌고 따지기보다는 경험에 비추어 먹는 것이 태반이다. 아무튼 참기름을 두른 전복죽은 맛있다. 또 옛날에는 젖 뗀 아이의 목에 마른 전복을 실에 꿰어 걸어줬다고 한다. 심심하면 그놈을 입에 넣고 쪽쪽 빨아서 영양보충을 하게 했다니 단백질이 얼마나 모자랐는지 짐작이 간다. 그분들의 자손들은 전복 덕에 경각(頃刻)에 달렸던 목숨을 건졌다. 그랬기에 그들에겐 전복이 유별나게 맛있게 느껴지는 것은 아닐까.

전복은 죽어서 이렇게 살과 내장 외에 껍데기까지 남긴다. 하나도 버릴 게 없는 것이 전복이로다. 껍데기는 나전칠기(螺鈿漆器)에 없어서는 안 된다. 전복껍데기가 납작한 데다가 안쪽 진주층의 색이 곱고 아름다워서 나전 재료로 쓰이기 때문이다. 색색의 전복 껍데기를 조각조각 잘라 군더더기 하나 없이 깔끔하게 붙이면 이내 학이 나래 펴고 훨훨 날다가 소나무에 올라앉는다. 일념으로 사는 '쟁이'들의 손재주라니…….

나전칠기 기술은 우리나라가 으뜸인 것은 누구나 다 아는 사실이다. 특히 통영은 나전칠기로 이름나 있는 곳이다. 아마도 유세 부리기 좋아하는 사람들이 즐겨 입는 최고급 와이셔츠의 단추는 전복껍데기를 갈아서 구멍낸 것일 터. 흔히 전복에서 천연진주를 얻는 횡재를 한다고 한다. 이것이야말로 도랑 치고 가재 잡았다는 말이 아닌가.

사랑의 화살을 쏘는 달팽이

　　자고로 '달팽이' 하면 어쩐지 정감이 가서, 만져보고 키워보고 싶은 마음이 절로 인다. 달팽이는 둥그스름하고 행동이 굼뜬 것이 특징이다. 생김새가 모나지 않았으며, 눈을 부라리며 잡아먹을 듯이 달려들지 않으니 자연히 정답고 마음이 끌린다. 사실 필자는 많고 많은 생물 중에서 보잘것없는 연체동물을 전공하는 사람이다. 그래서 별명도 '달팽이 박사(Dr. Snail)'이다. 이것만 봐도 생물학에는 얼마나 다양하고 많은 분야가 있는지를 알 수 있다. 즉 커다란 나무에 수많은 가지가 있으며, 그 작은 가지 하나하나마다 전공하는 학자들이 무수히 매달려있다고 생각하면 된다. 그들은 돈도 안 되는 변변찮은 기초과학을 연구하는 사람들이다. 기초과학이 튼튼하지 않으면 응용과학이 부실해진다. 뿌리 약한 나무요 깊지 않은 샘 꼴이다. '과학 하는 나라'는 하나같이 쓸잘데 없어 보이는 이것들이 야물고 탄탄하게 밑받침되어야만 이루어질 수 있다. 의식의 전환, 구태를 벗어버려야 찬란한 번영이 있다.

여러분도 '달팽이'라는 이름에 관심이 갈 것이다. '왜 그런 이름을 갖게 되었을까?' 흔히 생물 이름은 그 생물의 외형(꼴)에서 따온다. 예를 들어서 '짚신벌레'라는 이름은 옛날 사람들이 신던 짚신이나 삼으로 삼은 미투리를 닮아 그렇게 붙였듯이. 그런데 생물 이름에도 시대, 문화성이 있다. 만약 요즘 시대에 '짚신벌레'를 처음 발견하여 이름을 붙였다면 어떤 이름이겠는가. 아마도 '운동화벌레'나 '슬리퍼벌레' 정도가 되지 않았을까 싶다. 아무튼 짚신벌레란 말을 들먹거릴 때마다 지독하게 가난했던 우리의 어린 시절이 연상되어 기분이 썩 좋지만은 않다. 그러나 생물분류학자들은 보기 드물게 훌륭한 작명가(作名家)다.

하늘의 달 땅의 팽이

이야기가 딴 데로 흘러버리고 말았는데, '달팽이'는 아마도 밤하늘에 떠있는 달처럼 둥그스름하고, 땅에 지치는 팽글팽글 돌아가는 팽이를 닮았다고 붙여진 이름이리라. 곧이곧대로 받아들여도 좋다. 하늘의 '달'과 땅의 '팽이', 둘의 짝 지움이 썩 마음에 든다. 천지조화가 따로 없다. 옛날 사람들은 달팽이를 '와우(蝸牛)'라고 했는데 '와'는 달팽이, '우'는 소라는 뜻으로 역시 행동이 소처럼 느릿하고 굼뜨다는 의미가 들어있다. 우보호시(牛步虎視), 뚜벅뚜벅 느린 소걸음을 걸어도 눈은 형형(炯炯)히 빛나는 범을 닮아야 한다. "실패의 반은 게으름에 있다."라는 말을 되새기며, 느리지만 꾸준한 달팽이를 닮아보는 것도 좋으리라. 그래서 "달팽이가 바다를 건넌다."라고 하지 않는가. 물론 바다를 건너는 달팽이는 땅에 사는 놈이 아니고 바다에 사는 소라·고둥 무리를 말한다.

달팽이는 둥글다고 했다. 우리나라에는 110종이 넘는 달팽이가 살고 있지만 모두가 둥글지는 않다. 어떤 놈은 길쭉하고, 퉁퉁하고, 납작하고, 껍데기가 매끈하고, 털이 부숭부숭 나고, 한마디로 가지각색이다. 껍데기가 없는 민달팽이도 있다. 여기서 말하는 달팽이는 땅에 사는 놈이다. 이 책에서는 밭이나 정원에서 우리가 흔히 만나는 '달팽이[*Acusta despecta sieboldiana*]'라는 우리말 이름이 붙은 녀석을 주 대상으로 하고 있다.

잘 살펴보면 달팽이는 뿔(더듬이)이 4개다. 머리 위에 두 개의 큰 더듬이(대촉각 大觸角)가 있고, 아래에는 짧은 작은더듬이(소촉각 小觸角)가 두 개 있다. 네 개의 더듬이가 엇갈려 흔들거리는 것을 보면 신기하다 못해 괴이하다는 생각까지 든다. 뿔이 네 개 난 동물! 큰더듬이 끝에는 동그란 것이 달려있으니 그것이 달팽이 눈이다. 이 눈으로는 단지 명암만을 알아낸다지만 그래도 눈은 눈이다. 그리고 큰더듬이는 위로 곧추세워 흔들어대는 데 반해서 작은더듬이는 늘 바닥 쪽으로 굽혀 이리저리 춤을 춘다. 작은 더듬이는 냄새나 온도·바람 등의 변화를 알아내는 것이다. 그런데 장난삼아 달팽이 눈을 손끝으로 살짝 건드려보면 순간적으로 눈알이 더듬이 안으로 쏙 들어가 버린다. 그리하여 더듬이가 없어지다시피 짧아져버린다. 조금 뒤에야 다시 나와 간들간들 또 흔들어댄다. 그래서 민망하거나 겸연쩍은 일을 당했을 때 "달팽이 눈이 되었다."라고 한다. 민망하고 멋쩍은 일을 어디 달팽이만 당하겠는가.

달팽이를 더 자세히 관찰해보자. 머리에 붙은 4개의 더듬이가 여기저기 이리저리 얽히듯 꿈틀댄다고 했다. 혹시 먹을 게 없나, 이 길을 가도 되나, 또 나를 잡아먹으려 드는 놈은 없나 살피는 것이다. 그런데 옛날 어른들은 더듬이들이 서로 다투는 것으로 봤다. 그래서 '와우각상지쟁(蝸牛角上之爭)', 즉 달팽이 뿔이 서로 싸우고 있다는 말을 만들어냈다. 그 뜻은 아무것도 아닌 것을 가지고 집 안끼리 다툰다는 의미다. 즉 사소한 일로 다투거나 불필요한 일로 싸우는 것, 또는 남이 보기에 사소한 일인데 심각하게 대립하는 경우를 야유조로 표현할 때 쓰기도 한다. "거지끼리 자루 찢는다."와 비슷한 말이라 해두자.

"돌에 튀는 불같이 빠른 빛 속에서 길고 짧음을 다툰들 그 세월이 얼마나 되며, 달팽이 뿔 위에서 자웅을 겨룬들 그 세계가 얼마나 되랴."『채근담』

다음의 제법 긴 이야기를 들어보자. 달팽이 뿔 위에서의 싸움,

와우각상지쟁 이야기다. 『장자』 「칙양(則陽)」편에 다음과 같은 이야기가 있다.

옛날에 위(魏)나라 혜왕(惠王)과 제(帝)나라 위왕(威王)이 맹약을 맺었는데 위왕이 배반하자 혜왕이 자객을 보내 그를 없애려고 하였다. 그런데 대신 가운데 공손연(公孫衍)은 찬성하고, 계자(季子)는 반대하고 나서자 곤경에 빠지게 되었다. 이때 재상이었던 혜시(惠施)가 대진인(戴晉人)이라는 사람을 보내 이런 이야기를 하게 하였다.

"세상에 달팽이라는 것이 있는데 아십니까?"

"알다마다."

"그 달팽이 뿔의 왼쪽에는 촉씨(觸氏)라는 씨족이, 오른쪽에는 만씨(蠻氏)라는 씨족이 살고 있었습니다. 어느 날 집안에서 서로 땅을 빼앗으려고 싸움을 벌였습니다. 그때 죽은 사람이 무려 수만 명에 이르렀고 도망가는 적을 추격해서 15일 만에야 되돌아왔더랍니다."

"거 무슨 황당무계한 소린가?"

"그렇다면 다른 일로 비유해보겠습니다. 폐하께서는 이 우주의 끝이 있다고 보십니까?"

"물론 없지 않은가?"

"그렇다면 저 광활한 우주 속에서 노니는 사람에게는 '나라'란 것은 있는 것도 되고 없는 것도 되겠지요?"

"그렇겠지."

"그 나라 가운데 위나라가 있고, 위나라 안에 양(梁)이라는 도성이 있으며, 양에 임금이 있으니, 이를 무궁한 우주에 비한다면 마치 달팽이 뿔 위의 촉씨나 만씨가 폐하와 무엇이 다르겠습니까?"

이 말을 들은 혜왕은 대진인이 물러가고 난 뒤에도 어안이 벙벙해 져 넋 나간 사람처럼 멍하니 서 있었다.

이 이야기에서 유래해서 '와우각상지쟁'이란 성어가 나왔다. 이 말은 흔히 '와우각상지전(蝸牛角上之戰)'이라고도 한다. 세상 사람 의 명리(名利) 다툼이 와우각상지전 같다는 말이다.

어려운 이야기는 그만하고 달팽이를 찾아가 보자. 달팽이는 다 른 동물이 가지고 있지 않은 특유한 치설로 먹이를 갉아 먹거나 핥는다. 물론 달팽이만 갖는 것이 아니고 연체동물 중 이매패(조개 무리)를 제외하고는 죄다 치설을 갖고 있다. 오징어·고둥·문 어·군부·뿔조개도 모두 갖고 있다. 치설은 입 안에 들어있어서 먹이가 있으면 입을 열고 치설을 드러내 먹이를 갉거나 핥는다. 갉으니 이요, 핥으니 혀다. 치설은 그 구조가 종류마다 달라서 달 팽이(연체동물)를 분류하는 데 중요한 열쇠가 된다.

종류가 다르면 이빨의 구조·모양도 차이가 난다. 그것이 생물 의 특징이요 특성이다. 왜 생물들이 저다지도 제각기 다른지를 생 각해보란 뜻이다. 생식기 하나만 봐도 그 구조가 종마다 다 달라 서 그것 또한 분류를 하는 데 아주 중요한 기준이 된다. 같은 종끼리는 궁합이 맞아야 하니까. 그러나 같은 종이라고 모두 궁합이 맞는 것은 아니다. 헌 신도 다 제짝이 있게 마련이다.

잠꾸러기 달팽이

달팽이는 겉으로는 예뻐 보이지만, 사람 입장에서 보면 곡식에 해를 끼치기에 해충(害蟲)이다. 예쁘다가도 수틀리면 미운 놈이 된다? 어린 옥수수 밭에 떼지어 달라붙어 어린순을 다 먹어치우기도 하고, 서양란의 순·어린 귤잎 등을 닥치는 대로 다 먹는 놈이다. 하지만 이런 점 때문에 달팽이 키우기가 어렵지 않다. 상추·오이·토마토 등 먹지 않는 것이 없으니 말이다. 배고프면 종이도 뜯어 먹는 식성 좋은 놈이 달팽이다. 심지어는 섬유소도 먹어 분해한다. 내장이 얼마나 튼튼하면……. 오죽하면 그놈들을 때려잡겠다고 농약(살충제)을 다 만들어냈겠는가.

달팽이는 주로 부드러운 풀이나 이끼를 먹는 초식동물이다. 참고로 달팽이는 그늘이 져서 서늘하고 습기가 많은 곳에 산다. 동물치고 뙤약볕을 좋아하는 놈이 있을까마는 달팽이는 특히 음습(陰濕)한 곳을 좋아한다. 그래서 키울 때도 이런 점에 유의하여 응달에 두고 물을 자주 뿌려줘야 한다.

달팽이는 아주 여리고 예민한 동물이어서 더위도 추위도 못 견딘다. 더우면 여름잠을, 추우면 겨울잠을 자는 잠꾸러기가 바로 달팽이다. 잠을 잘 때는 몸에서 물기가 날아가는 것을 막기 위해 입을 하얗고 얇은 막으로 막는다. 점액이 굳어진 막에는 작은 구멍

하나가 뚫려있는데 숨을 쉬기 위해 만들어둔 숨구멍이다. 아주 덥고 건조한 여름에는 그늘진 곳이나 돌 밑에 몸을 숨겨 여름잠을 자고, 추운 겨울엔 낙엽 밑이나 깊은 땅속으로 기어들어 가 겨울잠을 잔다.

달팽이도 지렁이처럼 암수한몸이면서 다른 놈과 짝짓기를 한다. 제 정자와 수정하면 좋지 않은 자식이 생기는지 반드시 딴 녀석의 것을 받아 수정한다. 우생학(優生學)을 아는 저 동물들을 단지 '동물'이라 불러야 하는 것일까. '영물'이라 하는 것이 옳지 않을는지…….

아무튼 달팽이도 알을 낳는다. 보통 한 마리가 발로 흙을 파서 20~30개의 알을 그 구덩이 속에 낳고 흙으로 덮어둔다. 그러면 2주 후에 허물을 벗고 깨어나서 어엿한 달팽이가 된다. 달팽이의 알은 달걀의 축소판이라 생각하면 무리가 없다. 지름이 3~4밀리미터이며 하얀 달걀꼴이다. 물론 껍데기는 딱딱한 탄산칼슘이 주성분이다. 달팽이 새끼들은 반들거리는 얇고 맑은 껍데기(집)를 가지고 태어난다. 그 껍데기는 커가면서 점점 불어나고 따라서 몸집도 커진다.

달팽이는 한평생 제집을 짊어지고 다니기에 이사를 할 필요가 없고 또 집 걱정을 하지 않아도 되는 행복한 동물이다. 주택부금을 붓지 않아도 된다는 말이다. 커갈수록 껍데기의 꼬임(나층)이 늘어나는데, 다 자라면 다섯 바퀴가 된다. 천적(새, 딱정벌레 등)이 나타나면 재빨리 몸을 껍데기 안으로 집어넣어서 죽음을 면하니 그 또한 편리하기 짝이 없다. 그래도 천적은 있다. "나의 목숨앗이는 결국 바로 나였다."라고 조병하 시인이 말씀하셨다지. 그렇다! 내가 나를 잡아먹는 것이다. 제가 저를 죽이면서 남 탓을 한다.

여기에 <한국동물학회지>에 실린, 필자가 번역한 글 한 토막을 옮긴다. 제목은 「달팽이는 산란 조절을 어떻게 할까」이다.

달팽이가 후손을 남기기 위해 알을 낳는 행위는 아주 힘들고 또 위험한 일이다. 이 연체동물은 거의 이틀에 걸쳐서 온힘을 다 쏟아, 알이 부화하기에 적합한 곳을 찾아내고, 제 몸 깊이만큼 흙을 파낸다. 이 어려운 일이 헛되지 않게 하기 위해서 달팽이[Helix aspersa]는 아주 기막힌 기술을 가지고 있다는 것을 알아냈다. 산란 시기가 됐다 싶으면 알을 헤아리는 계산기가 작동한다.

화단에 주로 사는 이 달팽이가 어떻게 산란을 조절하는가를 알기 위해서 캐나다 맥길(McGill)대학의 두 교수는 심혈을 기울여 관찰하고 연구하였다. 그 결과 달팽이의 생식소에 있는 신경 하나를 발견하였고, 성세포(性細胞)가 형성되면 이 생식소 벽이 두꺼워지는 것도 알아냈다. 생식소가 커져서 87개의 알이 성숙하면 앞의 신경이 배란을 촉진한다는 것도 알았다.

이렇게 최소한의 알을 낳도록 하여 엄청난 산란의 어려움을 극복할뿐더러, 알을 한자리에 덩어리(난괴 卵塊)로 낳아서 에너지를 줄이고 알이 마르는 것을 막아 새끼가 더 많이 죽지 않고 살게 한다.

달팽이는 기어간 자리에 흰 점액으로 흔적(족적 足跡)을 남긴다. 달팽이는 튼튼한 근육발로 움직인다. 바닥이 딱딱하거나 메마르면 발의 운동이 쉽지 않다. 그래서 발바닥에서 점액을 듬뿍 분비하여 그 위를 스르르 미끄러져간다. 바닥에 물기가 있거나 매끈하면 액을 적게 분비하고, 거칠거나 메마르면 더 많이 분비하기 때문에 흔적이 많아진다.

다음은 소름끼치는 이야기이다. 달팽이를 예리한 면도날 위에 갖다 얹으면 어떻게 될까. 발이 잘려져나갈까 아니면 상처를 입을까? 천만의 말씀이다. 발바닥에서 점액을 내고 그것이 본드처럼 순간적으로 굳어지기에 달팽이 발이 칼날에 닿지 않고 움직여 나가니 끄떡없다. 그래서 베이지도 않고 다치지도 않는다. 요술쟁이 달팽이! 꾀보 달팽이!

달팽이의 사랑이 아주 재미난다. 짝을 지을 때가 되면(주로 7, 8월) 두 마리가 서로 바짝 다가선다. 발을 치켜들고 오랫동안 상대를 만지작거리다가, 짝짓기가 되었다 싶으면 짝꿍의 발(살)에다 사랑의 화살을 꽂아 찌른다. 사랑의 신, 비너스의 아들 큐피드(Cupid)의 화살인 셈이다. 그가 쏜 화살에 맞은 사람은 누구나 사랑에 빠진다고 했던가. 탄산칼슘으로 만들어진 바늘 모양의 침을 '사랑의 화살(연시 戀矢)'이라 하는데, 그것을 찔러 상대를 흥분시키는 것이다. 여러 마리가 사랑을 나눈 자리에는 탄산칼슘 화살이 바닥에 딩군다. 모든 동물은 짝짓기를 하기 전에 반드시 애무를 하여 상대를 흥분시킨다. 개구리는 암놈을 꼭 부둥켜안고, 새들은 부리를 문지르고 날개 춤을 추고 뜀뛰기를 하는 것 등이 바로 전희(前戲) 행위다. 동물과 사람의 행동을 따로 구별지어 생각할 필요가 없다. 비슷하거나 같은 점이 아주 많으니 말이다. 모두가 정자와 난자의 배출, 특히 배란(排卵)을 자극하기 위한 행위인 것이다.

달팽이는 초식동물이라 육식동물에게 잡아먹히지 않을 수 없다. 달팽이의 천적이 여럿 있다. 새는 물론이고 딱정벌레(갑충)들에게 도 잡아먹힌다. 딱정벌레 중에서 반딧불이의 애벌레가 달팽이를 잡아먹는다. 예를 들어 가장 늦게 7월이 되어서야(다른 것들은 5월 초면 나온다) 하늘을 나는 '늦반딧불이'의 유충은 땅에 살면서, 살금 살금 달팽이에게 기어가 순간적으로 공격한다. 달팽이는 입에서 방어용 거품을 그득 내뿜으면서 발버둥치지만 일단 공격받으면 어쩔 수 없이 고꾸라지고 만다. 이렇게 자란 늦반딧불이의 애벌레 는 번데기로 바뀌고, 다음 해에 어른벌레가 된다. 한마디로 달팽이 가 없으면 우리는 늦반딧불이를 볼 수가 없다.

그런가 하면 '애반딧불이' 애벌레는 강이나 호수에 사는 다슬기 를 먹고산다. 환경이 오염되어 반딧불이를 볼 수 없게 되었다고 다들 애석해하는데, 그 원인을 보면 반딧불이의 먹이인 달팽이와 다슬기가 농약이나 제초제로 인해 줄었기 때문이다. 자연을 보호 해야 하는 이유가 바로 여기에 있다. 달팽이 정도야 하고 생각하 다간 이렇게 큰코다친다. 생물체는 하나가 따로 노는 것이 아니라 서로 그물처럼 얽혀있어서 한 코만 끊겨도 그물 전체를 못 쓰게 된다. 풍비박산이란 말이 어울린다. 한낱 미물조차도 너무나 소중한 이유가 바로 여기에 있다. 우리 눈에 별것이 아닌 것으로 보이는 자그마한 생물 그 어느 하나도 제 몫을 다하지 않는 것이 없다.

달팽이는 풀을 먹는 초식동물이라 했다. 그러나 우리나라에 사는 달팽이 중에는 육식을 하는 놈들이 있는데 역시 그 놈들은 아주 빠르게 기어다닌다. 그런데 초식하는 놈들도 죽은 파리나 벌레를 먹는 것을 종종 발견하게 된다. 육식하는 호랑이가 가끔 풀을 뜯는 것과 다르지 않다.

달팽이를 만만히 봐서는 안 된다. 녀석들은 종이도 마구잡이로 뜯어 먹는다. 천박하거나 얍삽하게 볼 것도 아니다. 다른 초식동물은 위나 대장(맹장)에 세균을 키워서 먹은 섬유소를 그 미생물들로 하여금 분해시켜 양분으로 흡수한다. 초식동물은 그런 효소를 가지고 있지 않기 때문이다. 그런데 달팽이는 섬유소를 분해하는 효소(cellulase)를 직접 만들어서 섬유소를 분해(소화)한다. 그 효소를 모아 알약으로 만들어서 판다면, 우리도 풀, 나무를 뜯어 먹고 그것을 소화시킬 수가 있어 좋겠다. 그래서 이런 연구의 대상물에 달팽이가 들어간다. 달팽이에 관해 더 알고 싶으면 필자가 쓴 『달팽이』(지성사)를 일독하길 바란다.

글의 결미(結尾)에 한마디만 더 보탠다면, '굼뜨지만 꾸준한' 달팽이를 닮아보리라. 일근천하무난사(一勤天下無難事)라, 근면하면 천하에 어려운 일이 없나니. 유수불식(流水不息), 어디 흐르는 물이 쉬던가. 세월은 정녕 당신을 기다려주지 않는다.

달팽이와
사랑

사람이 키워 먹는 모든 동식물은 자손(후
손) 걱정을 하지 않아도 되니 좋겠다. 무슨 말인
고 하니, 사람들이 고추나 벼 같은 온갖 식물에
잡초를 제거해주고 벌레를 잡아주며, 거름까지
듬뿍 주지 않는가. 그러곤 사람들은 씨를 잘 보관
했다가 다음 해에 또 심는다. 닭이나 말에게도 정
성을 다하고, 식용달팽이에게는 시도 때도 없이
실컷 먹을 것을 주고, 겨울이면 따뜻하게 해주고
방에 습도까지 조절해준다. 더없이 재수 좋은 생
물들이 아닌가. 닭은 알을 품지 않아도 부란기에
서 알을 부화시켜주고, 말도 종마(種馬)까지 붙여
좋은 씨를 보존해준다. 사람이란 동물의 품종 개

량까지 도맡아 해준다. 사람이 이렇게 용알처럼 모시고 치성을 다해 가꿔주니 선택받은 그들은 멸종될 일이 없다.

앞에서도 말했지만, 프랑스에서는 헬릭스 포마티아[*Helix pomatia*]라는 식용달팽이를 키워 고급 요리를 만든다. 이름난 그 요리를 '에스카르고(escargot)'라 부르는데, 육질이 쫀득거리는 것이 맛있고, 영양가도 높다고 한다. 달팽이 살을 잘게 썰고 거기에다 마늘가루와 버터 등을 버무려서 빈 달팽이 껍데기에 집어넣고 푹 쪄서 내놓으니 맛깔스러울 수밖에 없다. 우리나라의 고급 호텔에서도 이 요리를 맛볼 수가 있다는데, 너무 비싸서 달팽이를 전공하는 필자도 맛본 적이 없다. 그러나 필자도 왕달팽이[*Achatina fulica*]로 만든 요리는 먹어보았다. 왕달팽이는 동아프리카 원산인 식용달팽이로 남부 각 지역의 온실에서 많이 키우고 있다. 아무튼 달팽이 요리도 먹을 것이 없었던 옛날 음식임이 틀림없다. 우리가 그 옛날 아주 가난하고 못살 적에 먹던 막국수나 냉면을 아직도 즐기는 것과 마찬가지이다. 그 먼 옛날엔 동양이나 서양이나 못 먹고 못산 것은 매한가지였으니 말이다.

문화를 품고 사는 달팽이

'문화는 환경의 산물'이라고 하는데 그림 하나에서도 그것을 알 수 있다. 사막에서는 선인장이 그림의 주 대상이 되고, 산골에서 자란 아이들은 산수화를 주로 그린다. 사북(강원도에 있는 탄광지대) 학생들은 냇물을 검게 그렸고, 필자의 큰딸이 초등학교 시절에 그린 서울 하늘은 회색이었다. 이처럼 환경의 영향을 받지 않고 사는 사람은 하나도 없기 때문에 문화에서 환경을 미루어 짐작할 수가 있다.

'달팽이와 환경'을 엿볼 수 있는 일이 있다. 필자는 영국의 백화점에 들르면 호주머니 용돈을 다 털게 된다. 한쪽 구석에 달팽이가 잔뜩 쌓여있으니 사고 싶은 욕심에 돈을 다 쓰게 된다는 말이다. 투명한 크리스털로 만들어진 것이 여러 가지가 있으니 그것을 다 사려면 기념품을 사는 것은 엄두도 내지 못한다. 아니, 쪽박을 찰 판이다. 영국이 어떤 나라인가. 365일 중에 겨우 60여 일 해가 나는 나라가 아닌가. 한마디로 해가 덜 비치고 습도가 높은 음습한 곳이라 달팽이가 살기엔 그보다 더 좋은 곳이 없다. 영국에서는 달팽이가 밭가에만 있는 게 아니라 '사과나무에 사과 달리듯' 여기저기에 널려있다. 종도 다양하여 색 띠(색대, color band)를 두른 놈에다, 큰 놈, 작은 놈 등 온통 달팽이 세상이다. 그러니 달팽이 세공(細工)이 발달하지 않을 수 없다. 처해있는 환경이 이렇게 문화에 반영된다. 그래서 영국시에서는 달팽이를 쉽게 만날 수 있다.

The year's at the spring,	한 해의 봄
And day's at the morn;	하루 중 아침
Morning's at seven;	아침 7시
The hill-side's dew-pearled;	언덕에는 진주이슬 맺히고

The lark's on the wing;	종달새는 날고
The snail's on the thorn;	달팽이는 가시나무 위에
God's in his heaven-	하느님은 하늘에
All's right with the world!	모든 것이 평화롭다!

로버트 브라우닝 「봄 노래」

중국 북경의 백화점에 들렀을 적엔 망연자실(茫然自失)했다. 칠보(七寶)로 된 달팽이가 가득한 게 아닌가. 거기에 달팽이가 있다니! 물론 필자는 거기 있는 달팽이를 싹쓸이하고 말았다.

우리나라에서는 달팽이 장난감 세공품을 발견하기가 어렵다. 우리나라 장난감으로는 구리로 된 달팽이 딱 한 종만이 내 수중에 있다. 보물처럼 귀하게 여겨 언제나 내 책상의 한자리를 차지하고 있다. '한국산 달팽이'인 셈이다. 겨울은 모질게 춥고, 여름엔 가뭄이 심한 것이 우리나라의 기후 특성이라 달팽이가 살기엔 아주 고약한 곳이다. 달팽이에겐 기온이 높고 비가 많이 내리는 곳이 천국이다. 우리나라에서는 제주도에서 비오는 날 달팽이를 더러 만날 수가 있다.

딴 이야기이지만(그러나 관련이 있다), 유럽을 돌아보면 공원이나 로터리에 있는 분수대를 비롯한 곳곳에 큰 바다조개 모양의 조각품이 즐비하다. 유명한 석유재벌 쉘(Shell)의 상표가 곧 '가리비(scallop)'가 아니던가. 천장에 매달린 전구 가리개도 그 모양을 한 것이 많다. 그만큼 패류가 생활과 밀접한 관계가 있다는 것을 의미하는 것이다. 서양 '동물분류학' 교과서에도 나오지만, 유럽에서는 처녀가 조개잡이(shell collection)를 잘해야 시집을 갈 수가 있었다고 한다. 그만큼 조개가 중요한 먹잇감이었다는 증거다. 우리나라에도 바닷가에 가면 곳곳이 조개무덤(패총)이 있는 이유가 거기에 있다.

어떻든 "개 눈에는 똥만 보이고 부처님 눈에는 부처만 보인다."라고 하던가. 캐나다에 갔을 때이다. 밴쿠버 건너편의 빅토리아 섬에 '부차트 가든(Buchart garden)'이란 세계적인 정원이 있다. 우리는 탄광 자리에 도박장을 만들었는데, 그 사람들은 석탄을 캐고 난 곳에다 꽃을 심었다. 그 꽃들의 아름다움 때문에 연간 100만 명의 관광객이 방문한다고 한다. 그런데 거기에서 달팽이와 맞닥뜨렸다. 부차트 가든 입구에 내 머리통만 한 인조 달팽이가 큰 더듬이에서 "죽죽-!" 물을 뿜어내고 있지 않겠는가. 4개의 더듬이가 물줄기를 뿜어내는 사진이 바로 내 연구실 벽에 붙어있다. 영국의 영향을 받은 나라라는 것을 그 조각품 하나에서도 알 수가 있다. 아무튼 달팽이도 문화를 품고 산다!

소라껍데기 속에
파도가 살고 있다

삼다도라 제주에는 아가씨도 많은데 /
바닷물에 씻은 살결 옥같이 귀엽구나 / 미역을
따오리까 소라를 딸까 / 비바리 하소연이 물결
속에 꺼져가네 / 음~~~ 물결에 꺼져가네
삼다도라 제주에는 돌멩이도 많은데 / 발뿌리
에 걸어채는 사랑은 없다든가 / 달빛이 지새드
는 연자 방앗간 / 밤새워 들려오는 콧노래가 구
성지다 / 음~~~ 콧노래 구성지다

「삼다도 소식」이란 노래 가사다. 제주도를 돌,
바람, 여자가 많다 하여 삼다도(三多島)라 한다.
제주의 천연덕스런 해녀, 살가운 비바리(바다에서

해산물을 채취하는 일을 하는 처녀)들의 애절한 노래가 나지막이 들리는 듯하다. 필자도 흥얼거리면서 제법 이 노래를 따라 부른다. "삼다도라 제주에는…" 제주도 하면 어쩐지 이국적이지 않은가. 실제로 거길 가서 봐도 동물상, 식물상이 이국적이다. 눈에 선 것들이라 선뜻 입에서 이름이 나오질 않고, 아열대성의 생물상이라 남국(南國)의 맛을 풍긴다. 필자가 전공하는 달팽이도 그곳에 가장 많아서 우리나라 달팽이의 거의 반에 육박하는 종이 거기에서 서식하고 있으니 '달팽이의 보고(寶庫)'라 하지 않을 수 없다. 고유종만도 '아리니아깨알달팽이[*Arinia chejuensis*]', '제주깨알달팽이[*Diplommatina chejuensis*]' 등 걸물(傑物)이 6종이나 된다. 다른 동식물도 매한가지로 특색이 있고 다양하다.

어떻든 진짜 '소라'는 이 노래 속의 소라가 진짜다. "후히유-!" 해녀들이 깊은 숨소리 내뱉으면서 바닷속을 들락날락 자맥질하여 따온 주먹만 한 소라, 그것이 '소라'이다. 그런데 바다의 여인 해녀들은 무슨 팔자로 태어났기에 평생을 물속의 전복·소라·해삼·미역을 따면서 살아야 했을까. 낙엽처럼 서럽고 바람처럼 외로운 여인네들! 예전에 여자가 많았던 까닭을 알고 보면 더더욱 서글프다. 남자란 바다에 나가서 다 죽어 살아 돌아오는 이가 거의 없었으니 여자가 일을 도맡아 해야 했다. "쓸쓸하지만 아름답다."라는 말은 이럴 때 쓰는 것일까. 억척스레 사는 모습이 가없이 아름다워 하는 말이다.

아무튼 소라 아닌 소라가 소라로 불린다. 무슨 말인고 하니, 바다에 사는 고둥이면 다짜고짜 몽땅 소라라 부르니 하는 말이다. '소라', '골뱅이'는 복족류인 고둥 무리를 통칭(通稱)하게 되어버렸다. 특히 동해안에서는 소라라는 말 대신에 골뱅이로 통용되고 있다.

"소라가 똥 누러 가면 거드래기(제주도 사투리로 남의 껍데기에 들어가 사는 게)가 기어든다."라는 말은 만만한 사람은 제집을 빼앗기고도 하소연할 곳이 없다는 뜻이고, "소 잡아먹은 터는 없어도 소라 잡아먹은 터는 있다."라고 하니 그놈의 껍데기 때문에 흔적이 남는다는 뜻이다. "소라껍데기로 바닷물 대기다."란 불가능하다는 것을 알면서도 어리석게 하는 사람을 비유한 것이다.

하늘빛을 닮은 소라

어디 소라에 대해 좀 알아보자. 소라의 어원은 '小螺(소라)'에 있는 듯하다. 작을 소(小), 소라 라(螺), 직역하면 '작은 소라'가 된다. 바다에 나는 소라란 뜻으로 해라(海螺), 뿔이 났다고 각라(角螺) 등으로도 불린다. 그리고 어릴 때는 껍데기 색이 적갈색이라 '주라(朱螺)'라 부르기도 한다. 소라의 학명은 바틸루스 코르누투스[*Batillus cornutus*]다. 속명 바틸루스[*Batillus*]는 서양에서 쓰는, 풍로가 달린 탁상 위에 놓는 냄비(chafing dish)란 뜻이고, 종명인 코르누투스[*cornutus*]는 뿔이 났다(horned)란 의미다. 즉, 둥그스름한 냄비에 뿔이 난 모양이라고 붙은 이름이다. 소라의 형태를 그럴듯하게 잘 묘사하고 있다. 원래 학명의 뜻을 새겨보면 그 생물의 중요한 특성이 배어있는 것이니까.

소라는 전복과 마찬가지로 복족강, 원시복족목의 소라과에 드는 권패(卷貝), 즉 고둥 무리다. 그러다 보니 이것과 조금만 비슷해도 그냥 소라라 불러버린다. 실제로 우리나라에 사는 진짜 소라는 소라, 잔뿔소라, 납작소라, 월계관납작소라 등 4종에 불과하다. 이 중에서 가장 넓게(동·남해안) 분포하고 그 수가 많은 것은 역시 소라다.

소라는 전체적인 모양은 방추형(紡錐形)에 가깝고 성패는 나층이 7~8개로 커다란 벌레가 구불구불 감겨있는 듯하다. 물론 체층이 가장 커서 거의 전체를 차지한다. 체층에는 10여 개 안팎의 커다란 뿔 모양의 깡똥한 관상돌기(管狀突起)가 삐죽삐죽 솟아나 있다. 개중에는 뿔이 없는 매끈한 무극형(無棘形)도 있으니, 돌기가 있는 것을 유극형(有棘形)이라 불러도 좋다. 재미나는 일이 여기에 있다. 왜 어떤 놈은 몸에 돌기가 나고 또 어떤 녀석은 뿔이 없는 것일까? 파도가 약한 곳(내해 內海)에 사는 놈들에서 무극형이 더러 있고, 파도가 센 외해(外海)의 것들은 하나같이 유극형이다. 이건 뭘 의미하는가. 몸에 기다란 뿔돌기를 달았기에 센 파도를 만나도 또르르 저 멀리 굴러가지 않고 다른 물건에 걸릴 수가 있으니 생존에 유리하다. 세상에는 필요 없는 것이 있을 리가 없으니까.

소라는 대형 패류에 속해서 각경(殼徑, 껍데기 지름)이 8센티미터, 각고는 10센티미터에 달한다. 소라껍데기인 각피는 보통 녹갈색이거나 암청색을 띤다. 먹이 종류에 따라서 껍데기 색이 달라진다고 하는데(미역, 다시마 같은 갈조류만 먹으면 황색이 된다), 녹갈색이든 암청색이든 둘 다 한마디로 '소라색'이다. '소라색'은 하늘색, 하늘 빛깔을 의미하지 않는가. 소라색이 하늘을, 하늘색이 소라를 닮았다. 사료를 먹여서 사육도 한다는데 얼마만큼 성공하는지 잘 모르겠다. 아무튼 소라도 역시 연체동물이라 탄산칼슘이 주성분인 예리한 치설을 지녀서, 바위에 붙어있는 조류를 핥아 먹거나 미역 등의 해초를 마구 뜯어 먹고 사는 초식성 동물이다. 건강에 좋다는 바다풀, 그것을 먹고 자란 소라는 그래서 맛도 좋고 몸에도 좋다.

뭐니 뭐니 해도 소라는 입을 틀어막고 있는 뚜껑이 특색 있다. 진주 광택을 내며 나팔처럼 짝 벌린 입 중앙에 똥그란 석회성(石灰性) 뚜껑이 눈알처럼 떡하니 박혀있다. 뚜껑은 두껍고 둥그스름한 게 바깥쪽으로 볼록하게 솟아나오고, 가운데에는 예리한 작은 가시가 과립상(顆粒狀)으로 촘촘히 박혀있어서 손으로 만지면 까끌까끌하다. 가시도 아무렇게나 나있는 게 아니고 은하계를 연상시키듯 왼쪽으로 뱅그르르 감겨있다. 물살에 밀려가지 않기 위해 그 작은 돌기들로 바위나 돌에 딱 달라붙는다. 그뿐만 아니라 천적의 공격을 받으면 입을 꽉 틀어막아 버리니 꺼칠한 돌기가 방어에 큰 몫을 한다. 대신 석회성 뚜껑의 살이 붙어있는 안쪽은 갈색으로 아주아주 매끈하다.

소라도 암수딴몸이다. 하지만 이것 또한 겉모양으로는 암수를 구분하지 못한다. 단 내장을 들어내 보면 식별이 가능하다. 생식소

(꼭대기 나층 부위에 들어있다) 색깔이 수컷은 황백색이고 암컷은 녹색이다. 5~8월 사이가 산란 기간이다. 암놈이 0.2밀리미터 크기의 녹색 알을 낳으면 수놈들이 금세 알아차리고 가까이 다가가 정자를 뿌린다(방정 放精). 수정란은 자라면서 어미를 닮고, 3년 가까이 자라면 성패가 된다.

소라가 사는 곳은 바닷가에서 멀지 않은 곳이다. 간조선(干潮線, 물이 나갔을 적에 가장 낮은 썰물) 근방의 수심 20미터쯤의 암초에 산다. 이렇게 깊은 곳에 서식하기에 손쉽게 잡기 어렵고 해녀가 들어가 손으로 잡아야 한다. 이 때문에 소라의 살맛은 해녀의 손맛인 셈이다.

맛깔스러운 소라 요리

소라는 식용으로 최고급 패류에 든다. 그리고 봄에서 초여름 사이에 잡은 것이 더 맛나는데 아직 산란하지 않아서 알과 정소(精巢, 정집)가 꽉 차있어서 그렇다. 소라 요리로는 소라 살로 젓을 담근 소라젓과 살을 넓게 저며서 양념하여 구워 먹는 소라구이가 있다. 또 소라를 껍데기째 삶아서 살을 뽑아내어 초간장에 찍어 먹기도 한다.

소라로 만든 대표적인 요리는 단연 '항아리구이'이다. 벌써 입안 가득 군침이 돈다. 소라를 껍데기째로 석쇠 위에 얹고 주둥이가 위로 가도록 해서 굽는다. 한때는 조개구이가 그렇게 유행하더니만, 정말 유행이란 한자리에 머물지 않는가 보다. 소라가 익어서 주둥이가 열리면 거기에 양념간장을 들이붓는다. 완전히 익었다 싶으면 살을 뽑아내 먹는다. 커다란 살덩이(발 근육) 뒤에 따라 나오는 꼬불꼬불한 내장은 특이한 맛이 난다. 맛보다는 나선형의 꼬부라진 회갈색의 내장이 만들어내는 태(態)가 있어서 먹는 재미가 있다. 끝으로 가면 갈수록 굵은 나사 모양이 가늘어지면서 꼬부랑한 것이 구절양장(九折羊腸)이 따로 없다.

프랑스 달팽이 요리인 에스카르고식으로 소라를 요리해도 달콤함과 구수함이 어우러지는 풍미(風味)가 더없이 좋다고 한다. 즉, 소라 살을 잘게 썰고 거기에다 표고, 은행, 파드득나물(미나리아재비과 식물로 참나물과 비슷하다)을 다져 버무려 넣고 갖은 양념을 쳐서 그것을 소라껍데기에 집어넣어 불에 굽는다. 소라 요리를 상상하는 것만으로도 침 덩어리가 목을 틀어막아 더는 글을 못 쓰겠구나.

그러나 소라도 썩으면 독을 내는가 보다.

조선시대 문인들은 명(明)의 작가에 대해서 그리 우호적이지 않았지만, 귀유광(歸有光, 1506~1571)이란 산문가에 대해서만은 비교적 호감을 보였다. 인생의 대부분을 황량한 강가, 쓸쓸한 시장 구석에서 학생을 가르친 귀유광은, 심성을 수양하는 고준담론을 펼치지 못하고, 주로 시골의 이름 없는 사람들이나 가족 친지들을 위한 글을 썼다. (…) 어려서부터 사랑하는 가족의 이별을 숱하게 겪은 그는 단란했던 지난날의 행복과 사랑이 떠나고 남은 빈자리를 자주 묘사했다. 먼 과거사를 회상하듯 무심하게 묘사하는 산문을 통해 통곡보다 더한 슬픔을 추스르는 한 남자를 발견하는 글이다. (…) 여덟 살 때 죽은 어머니에 대한 추억을 성인이 되어 기록한「그리운 어머니(선비사략, 先妣事略)」, 이 글에서 그는 여덟 명의 자식을 연년생으로 낳아 기르느라 지친 어머니를 가장 먼저 떠올린다. 그는 이렇게 썼다. "동생을 낳았을 때 어머니는 다른 자식들보다 더 힘들여 키우셨다. 그러나 자주 이맛살을 찌푸리며 하녀들에게 말하곤 하셨다. '내가 자식이 많아 괴롭다.'고. 그때 한 노파가 물잔에 소라 두 개를 담아 드리며 '이것을 먹고 나면 임신이 잦지 않을 거예요.'라고 했다. 피임법이 없어 매년 아이 낳기에 지친 어머니는 잔을 들어 남김없이 삼키셨고, 벙어리가 되어 말을 하지 못하셨다." 피임법이 없어 매년 아이를 낳기에 지친 어머니가, 노파가 내민 소라를 망설이지 않고 먹은 뒤 중독돼 벙어리가 되는 장면은 자못 충격적이다. 분별없이 한 어머니의 행동에 대해 그는 그럴 수밖에 없었다고 옹호하는 듯하다. (…)

<조선일보>의「문학의 숲, 고전의 바다」에 영남대 안대회 교수가 쓴 글의 일부를 소개하였다. 소라의 독이 무섭다. 벙어리가 된다니…….

소라도 어느 것 하나 내버릴 게 없다. 껍데기가 광택이 나고 썩두꺼운지라 그것을 잘라서 갈고 다듬어서 단추, 바둑돌(흰색), 농이나 상에 자개(껍데기를 썬 조각)를 박아 입힌다. 다시 말해서 전복

껍데기와 마찬가지로 나전 세공의 재료가 된다는 말이다. 옛날에는 계급 차별이 심해서 밥상까지 구분하여 사용했다. 아랫사람들은 개다리소반에서 밥을 먹고 지체 높은 이들은 자개상에서 밥을 먹었다.

오늘따라 갑자기 바다가 그립다. 바다는 수많은 강을 품는다고 하는데, 어쩌지, 내 마음은 소라만큼이나 속 좁고 볼품없으니……. 펴고 부풀려라, 제발.

어디선가 읽은 시를 옮겨 적는다. 겉으로 보기엔 속 좁고 볼품없는 소라껍데기에도 깊은 바다 푸른 목소리가 담겨있다.

소라껍질 속에는 파도소리가 살고 있다
제 살던 고향을 그리워하는 것일까
빈 껍질 속에서 울리는 깊은 바다 푸른 목소리

침샘에 독이 있는
털골뱅이

상쾌한 운수행각(雲水行脚)의 시작이다.
그러나 결코 한가로운 만행(漫行)의 길은 아니다.
바다에 사는 고둥과 조개를 채집하기 위해서는
뭐니 뭐니 해도 발품을 파는 것이 으뜸이다. 종발
만 한 눈알을 부라려서 모랫바닥을 뚫어지게 내
려다보며 하염없이 걸어야 하는 것이다. 여름에
는 후끈거리는 모래찜질을 해야 하고, 겨울이면
모래 풀풀 날리는 칼바람 해풍과 씨름하는 것이
바닷가 채집이다. 마음을 모으지 않으면 눈앞에
뻔히 두고도 지나치고 만다. 힐끗 쳐다봐서는 안
된다. 잠깐 잡념이 스치면 조개나 고둥껍데기를
놓치고 만다. '심부재언 시이불견 청이불문 식이

부지기미(心不在焉 視而不見 聽而不聞 食而不知其味)', 마음이 거기에 없으면 보아도 보이지 않고, 들어도 들리지 않으며, 먹어도 그 맛을 모른다. 채집하려는 놈을 마음과 눈에 선명하게 그리면서 내려다봐야 보인다는 말이다. 잡념을 허락하지 않는 것이 채집이다.

밤나무 밑에 떨어진 밤을 줍는 것과 다름없다. 한 톨 줍고 되돌아보면 저 나무 발치에서 "나 주워 가소." 하고 함성을 지르고 있지 않은가. 짙은 밤색에 반들거리는 밤톨을 보면 줍지 않고는 견디기가 어렵다. 청설모나 토끼를 유인하기 위해 밤톨은 그렇게 광택을 내고 교태를 부린다. 청설모나 토끼가 녀석들을 물어다 여기저기 숨겨두는데 아무래도 다 찾아 먹지는 못한다. 하여, 먹히지 않은 밤톨은 그 자리에서 싹을 틔운다. 그렇게 싹을 틔우기 위해 자기를 물어가 달라고 졸랐나 보다. 잣도 그렇다. 청설모란 놈들이 겨울에 먹기 위해서 잣을 물어다 일정한 간격으로 땅바닥에 묻어둔다. 결국 찾아 먹지 못한 씨가 싹이 터 잣나무가 여기저기 일정한 간격으로 자라게 된다. 밤알이 광택을 내는 것은, 다른 동물이 자기를 멀리 가져가 퍼뜨려주기를 바라는 뜻이다. 필자의 눈에는 바닷가의 조가비가 그렇다.

한여름 뙤약볕에 끝자락이 아른거리는 만리포, 천리포 백사장을 끝없이 걷는다. 남이야 해수욕을 하든 말든 나하고는 상관이 없다. 가다 보면 재수 좋게도 띄엄띄엄 파도가 모아놓은 조개더미가 나를 반긴다. 여태 아무도 반겨주지 않았단다. 횡재가 따로 없다. 뭔가 새로운 것이 있다 싶으면 등짐을 벗어 제쳐놓고, 숫제 꼽꼽한 땅바닥에 퍼질러 엎어져버린다. 습관이 된 지 오래다. 힘을 절약하기 위한 신체 반응인 것이다. 눈에 보일 듯 말 듯한, 절대 놓칠 수 없는 미소종(微小種)들이 나를 괴롭힌다. 차근차근 가시랭이, 지푸라기, 돌멩이를 치워가면서 보물을 찾는다. 한 무더기를 다 끝내는 데 오랜 시간이 걸리기 일쑤이다. 졸다가는 뒹굴면서 뭉갠다. 허리와 다리를 펴기도 하고, 때론 하늘에서 새살거리는 구름 조각과 재잘거리는 물새들과 이야기 나누기도 한다. 뜨거운 햇살에 일사병이 걸릴 수 있기 때문에 두꺼운 파카를 입는 것은 물론이고 모자도 뒤집어쓴다. 더운 지방 사람들이 옷을 여러 겹 껴입는 이유를 알 만도 하다. 일주일 가까이 채집을 할라치면 간의 글리코겐도, 피하지방도 고갈되어 쉽게 배가 고파온다. 파김치가 되어 민첩함도 잃고 사람이 어눌해진다. 그동안 수염을 길러 몰골은 거지 아니면 바닷가에 갓 상륙한 간첩이다.

수염 이야기를 하지 않을 수 없다. 채집을 나가면 보통 일주일이 넘게 걸린다. 버릇이 되어서 지금도 채집이나 여행을 가서는 수염을 그냥 기른다. 수염이 뭔가? 여름에는 햇살을 가려 자외선을 덜 받게 해주고 겨울엔 추위를 막아주는 살갗 보호용이다. 그래서 일부러 깎지 않고 지낸다. 가시나 쇠갈퀴에 긁혀도 덜 다치니 수염의 좋은 점은 한둘이 아니다. 사람들은 늙어 보인다고 계속 자르지만, 수북하게 털난 얼굴이 본래의 참모습, 진면목일 터. 어쨌거나 며칠간 덥수룩하게 자란 수염을 만지작거리면 보드랍고 근질

근질한 것이 기분이 좋다. 인도나 중동 사람들이 수염을 아끼고 키우는 것에 종교적인 의미를 둔다고 하지만 실은 더운 지방이라서 수염이 얼굴을 보호하기에 그렇게 종교화된 것이리라. 종교 또한 환경의 산물이니까.

한판 채집이 끝나면 또 정처 없이 해안가를 헤매면서 모랫바닥을 뒤진다. 유시유종(有始有終), 시작이 있으면 끝이 있다고 했다. 모래사장이 끝나면 바위 밭을 만나게 된다. 거기서는 죽은 것이 아니라 산 놈을 잡는다. 금강산도 식후경! 배가 고프면 화가 나고 짜증이 나서 눈에 뵈는 것이 없다. 저절로 발길이 너럭바위 쪽으로 간다. 거기에는 영양소가 즐비한 굴(석화 石花)이 내 얼굴의 검버섯처럼 다닥다닥 붙어있다. 채집용으로 가져간 망치로 굴 딱지의 한쪽을 톡 때린다. 허연 피를 토하며 물알 딱지가 툭 열리는 것이 순교자 이차돈이 따로 없다. 손으로 껍데기 부스러기를 들어내고 껍데기에 붙어있는 속살을 핀셋으로 끄집어내어 입으로! 소금, 간장이 필요 없는 '바다의 우유'가 허기를 가시게 한다.

고약한 냄새도 견디게 하는 채집의 기대감

지금까지는 서해안이었다. 이번엔 동해안으로 가보자. 역시 바닷가에서 해산패(바다조개나 고둥 무리)를 채집하고 있다. 동쪽은 바다가 깊고 확 트였다. 잠깐, 저 남쪽나라 뉴질랜드로 가보자. 남반부, 우리와 아래위로 반대편이 아닌가. 그곳의 서쪽을 여행할 때다. 경험한 독자도 있을 테고, 또 다음에 같은 경험을 할 사람도 있을 테지만, 가다가 차를 세워 바다 구경을 하란다. 내 눈에는 거기가 거기, 별로 눈에 차지도 않는 언덕배기에 널찍하게 전망대가 마련되어있다. 내 나라에서는 흔하게 보는 경치가 아닌가. 아무튼 처음 보는 곳은 다 신기하니까 올라가 본다. 아니! 서쪽 편인데 어찌 우리의 동해안이? 깊은 바닷물이 철썩철썩, 출렁거린다! 다음날 동쪽으로 갔을 적에 드디어 확신을 얻는다. 아하! 우리의 서해안 개펄이 동쪽인 거기에 있더라! 여기가 봄이면 거기는 가을. 남북의 반대말고 동서로도 반대현상이 일어난다는 것! 지질학을 공부하는 사람들에게 한번 물어봐야 하는데……

뉴질랜드도 그렇지만 호주의 관광버스를 보고 있노라면 재미나는 것이 보인다. 역시 마음, 관심을 가지고 봤기에 그것이 보인다. 버스마다 온통 그곳에 살지 않는 표범이나 호랑이 그림이 그려져 있다. 캥거루, 키위(뉴질랜드의 삼림지대에 서식하는 새) 같은 자기 나라 동물 그림은 하나도 없고 엉뚱한 육식동물이 차지하고 있었다. 버스에 그려진 무서운 동물을 보고 캥거루 같은 유대류(有袋類)들을 도망가라고 그려놓은 것일까. 사람은 민족이나 자기가 갖지 못한 것에 동경심을 갖는다는 것을 거기에서도 본다. 외국산에 호기심이 가는 것은 어쩔 수 없는 본능일 터.

동해안에서도 좀팽이가 되어 모랫바닥은 물론이고 바닷가 쓰레기 더미까지 뒤져야 한다. 그러나 어쩌리, 누가 대신해줄 수 있는 일이 아니니 말이다. 여름철이면 쓰레기 더미가 썩어 그 냄새 때문에 죽을 맛이다. 그러나 눈에 익지 않은 껍데기를 발견할 것이라는 기대감이 악취를 구축(驅逐, 몰아서 쫓아내다)한다. 언제나 당하는 일이라 고약한 냄새에도 면역이 되었다. 냄새가 나는 곳이라야 조개나 고둥이 버려져있으니 어찌 고약한 냄새를 마다하겠는가. 제가 좋아하는 일이니 더럽고 아니꼽살스러워도 어찌할 도리가 없다.

깊은 물에 들어갈 수 없는 처지라면 바다를 다녀온 배를 찾아나서야 한다. 새벽녘에 들어온 배를 만나려면 햇귀가 보이기 전에 달려나가야 한다. 아침 어시장(魚市場)이 부두 가까운 곳에 서는데 그 주변에서는 아낙네들이 바다 깊숙이 넣었던 그물을 터느라 언제나 바쁘다. 바쁘게 일하는 사람들의 눈치를 보지 않을 수 없다. 무슨 놈의 놈팽이가 버려진 쓰레기를 뒤지고 있담? 그렇게 의아하게 생각하면서 그들은 경계심을 놓지 않는다. 외인에 대해서 의심을 품고 쌀쌀하게 대한다. 우리나라 어디를 가도 당하는 일이다. 외부 사람을 꺼리는 것이야 어느 누가 그렇지 않을까마는 잦은 외침에서 얻은 유전형질이 굳어진 탓에 우리나라 사람들이 유별나긴 하다.

오랫동안 채집을 하다 보면 허겁증(虛怯症)이 생기기도 한다. 몸이 허하니 까닭 없이 공포를 느낀다는 말이다. 그래도 속으로 "나는 국가적으로 중요한 일을 하는 사람이오. 내가 안 하면 누가 이 궂은 일을 하나?" 하고 마음을 다잡으면서 너털웃음을 지으며, 그들의 마음을 누그러뜨리려 애를 쓴다. 우공이산(愚公移山), 아흔 살의 우공이 산을 옮기듯, 심기일전하여 난관을 두려워 않고 굳센

의지를 가지고 노력하면 필승한다. 나를 경계하는 사람들에게 내가 하는 일을 설명하면 사람에 따라서는 내가 가련하고 불쌍하게 보였던지 바구니에 들어있는 값나가는 조개를 넘겨주기도 한다. 참 고맙다. 세상에는 악한 놈보다 착한 이가 더 많다는 것을 나는 직접 체험했다. 버려진 해초를 뒤적거려서라도 귀한 놈을 줍는다. 여태 채집한 적이 없는 것이 눈에 띄면 좋아서 어쩔 줄을 모른다. 귀한 놈은 따로 관병(管瓶)에 잘 모신다.

관병 하니 얼핏 떠오르는 게 있다. 울릉도에 달팽이 채집을 갔을 때이다. 땅 위에 사는 달팽이 육산패(陸産貝) 채집을 갔었는데, 지금은 찻길이 거의 다 나서 훨씬 편하지만, 옛날에는 오솔길이나 다름없는 길을 따라가면서 채집을 해야 했다. 초행이라 길을 모르니 동네 아이를 꾀어 길 안내를 받는다. 무엇보다 말동무가 되어 줘서 좋다.

미국에 갔을 적이다. 한 사흘을 미국인 교수 집에서 지내다 보니 죽을 맛이었다. 무엇보다 힘든 것은 우리말을 하지 못하는 것이었다. 그래서 제자들을 일부러 불러내 실컷 우리말을 쏟아내어 고통을 푼 기억이 난다. 묵언(默言)을 수도(修道)의 도구로 삼는 이유를 알았다.

그런데 이 아이의 아버지는 산에 나는 괴목(槐木)을 주워와 광내고 칠해서 파는 것이 업이었다. 개중에는 몰래 가져온 것도 더러 있었다. 비가 억수로 내리고, 바람이 불고, 천둥·번개가 치는 날이면 산에 올라가 몰래 벌목을 하기도 하는 모양이다. 제주도에도 비가 출출 내려 태풍경보가 내려지면 바다로 나가서 바닷속의 산호를 자르는 도벌꾼이 있다더니만. 그런 이유로 날씨가 궂기를 바라는 사람들도 있는 모양이다.

아무튼 저 멀리서는 작은 점으로 보이던 울릉도가 그렇게 넓고 높을 수가 없다. 가다가 중간에 하룻밤을 자고, 꼬박 이틀이나 걸려 한 바퀴를 돌았다. 채집을 다했다고 해봤자 소경 코끼리 만지기였으리라. 첫날 늦은 오후에 한참을 걸어 산 중턱에 도착했다. 코딱지만 한 외딴 집 바로 앞에 샘물이 있기에 달려가 목을 축였다. 집 안에 대고 큰소리로 불러봐도 인기척이 없다. 분명히 사람이 사는 집이긴 한데. 여기서 나의 삶의 화두를 얻게 된다. "너는 왜 여기에 사는가?" 그 말은 곧 나는 누구며, 왜 이렇게 살고 있나와 통한다.

포항에서 큰 배로 4시간이나 넘게 떨어진 바다에 떠있는 고도(孤島) 울릉도. 거기에서도 산골짝 한구석, 이 고적(孤寂)한 산골짜기에 터를 잡고 사는 당신들은 도대체 누구길래 도시의 버젓한 아파트에 살지 않고 어이하여 하필이면 여기에 사는가? 민들레 씨가 바람에 먼 곳으로 날아가 그곳에 사는 것과 뭐가 다르랴. 만물이 다 제자리가 있다고 하지 않던가. 드넓은 우주, 끝없는 세월이 만나는 그곳에 '내〔我〕'가 있다! 삿된 생각일랑 버릴져. 인간은 결국은 저 혼자라고 하지 않던가. '나는 누구며 왜 사는가? 어디로 갈 것이며 어디로 가야 하는가? 또 내가 죽은 다음에는 어디로 가는 것일까?' 누가 귀띔이라도 해주면 좋으련만.

섬이 다닥다닥 붙어있는 남해안 ▨▨ 길이었다. 저녁 배라서 이용하는 사람이 ▨▨ 조금 가다가 섬에 닿고, 또 조금 가다가 부두 아닌 부두에 배를 댄다. 뱃전에서 내 나이 또래의 어부와 이야기를 나누게 되었다. 비슷한 나이끼리는 정감이 가고 말이 통한다. 동시대 사람이니 삶의 궤적이 비슷한 탓이리라. 자기는 부두고 뭐고 없는 흡사 무인도 같은 저기, 저기 작은 섬에 부부 단 둘이 산다고 한다. 그 말을 듣고 나는 왜 엉뚱한 질문을 하는 것일까? 그 순간 또다시 화두의 그 집, 울릉도가 뇌리를 스쳤다. "이봐요, 딱 두 사람이 살면서도 부부 싸움을 하나요?" 대답이 의외다. "싸우고 말고죠." "둘이 살면 외로울 텐데 왜 다툼을 합니까?" "그물 펼 때 제대로 못하면 고함을 지른답니다." 그럼, 그렇지! 목숨이 걸려있는 일을 할 때는 인정사정없는 것이다.

실은 며칠 채집을 다니면 자식들이 궁금해지고(지금처럼 휴대전화나 있었으면 그렇지 않았을지 모른다) 집사람이 보고 싶어서 그런 질문을 하게 된 것이다. 집에 돌아가면 다투지 않고 서로를 위해 주면서 참살이하겠노라고 다짐하고 있었던 것이었다. 그렇다, 애증일로(愛憎一路)다! 사랑이 깊어지면 미움도 짙어진다고 하지 않는가. 어찌 부부가 잉꼬로 살 수가 있나. 다툼이 있다는 것은 사랑이 식지 않았다는 것이요, 간섭은 다름 아닌 관심이렷다. 들을지어다. 무관심은 증오보다 더 무서운 것이다. 가깝고 허물없기에 막대하다가 부부가 티격태격한다. '원수가 만난' 것일까. 악연(惡緣)을 선연(善緣)으로 바꾸는 안식(眼識)을 가져야 할 것이다.

이야기가 엇길로 갔다. 울릉도로 돌아가자. 아주 험하기 짝이 없는 서남쪽 일부를 제외하고는 지금은 모두 길이 나서 차들이 씽씽 다닌다. 2년 전에 가봤더니, 찻길이 험한지라 지프차가 택시였다. 이제는 다 제 차가 있어 채집도 급행에다 초특급이다. 옛날에 채집이 일주일 걸렸던 곳도 이젠 하루면 끝낼 수가 있다. 이삼십 년 전만 해도 시외버스를 타고 가서 발이 부르트게 채집지를 걸어다니고 또다시 버스를 타고 다음 장소로 향했다. 어디 버스나 자주 다녔던가. 길바닥에서 시간을 다 까먹기가 일쑤였다. 그러나 걸어다니면 풀, 나무를 다 보면서 지나가지만 차로 달리면 '스침'밖에 남는 것이 없다. 케이블카를 타고 본 풍광과 다름없다. 일평생을 고생 모르고 산 사람의 인생은 케이블카 인생이렷다. 애써 걸었기에 당신의 몸에서 사람 향기가 물씬 풍기는도다. 사람 향기가 풍기지 않는 이는 이파리 하나 없는 앙상한 나무로다.

울릉도에는 달팽이가 제주도 다음으로 많이 사는데 그중 특이한 것들도 많다. '울릉도달팽이', '울릉도밤달팽이', '울릉금강입술대고둥' 3종은 세계의 어디에도 살지 않는 울릉도 특산종이다. 어디나 섬에는 특이한 생물들이 산다. 진화 과정에서 육지와 격리(隔離)되어 나름대로 진화하기 때문이다. 세계적으로 아프리카의 마다가스카르(Madagascar) 섬이라든가 다윈의 진화를 눈뜨게 한 갈라파고스(Galapagos) 제도에 고유한 생물들이 득실거리는 이유도 거기에 있다.

아무튼 한껏 채집을 하고 돌아와 여인숙에 들었다. 지금도 여인숙이 남아있는 곳이 있을까? 돈 없는 선생은 알량한 여관에도 못 드는 신세다. 공부하는 사람이 언제나 외롭고 처참하긴 지금도 별 다름 없지만 말이다. 호텔, 여관 다음으로 최하급인 곳이 여인숙이다. 말 그대로 길 가던 나그네가 들러 자는 곳이다. 지금 여관들은 죄다 서양 이름을 달아서 '모텔'로 바뀌었더구만.

달팽이의 탈출 이야기가 여기에 나온다. 관병의 뚜껑을 너무 탄탄히 막아두면 달팽이들이 질식하기에 좀 느슨하게 막아둔 게 탈이었다. 관병에는 채집한 장소별로 여러 종의 달팽이가 섞여있었다. 피곤해서 녹아 떨어졌던 밤이었는데 새벽녘에 이상한 느낌이 들어 눈을 떠보니 이게 웬일인가. 작은 방의 벽을 달팽이가 새까맣게 도배하고 있지 않은가. 관병의 달팽이가 죄다 탈출한 것이다. 요런! 지금도 거무스름한 놈들이 곰살궂게 붙어있는 벽이 뇌리에 떠오른다. 배움에는 언제나 시행착오가 따르는 법이다. 그 다음부터는 마개를 요령껏 막게 되었다.

돌아와서, 여기는 동해안이다. 부둣가에서 마냥 쓰레기통만 뒤적거리지 않는다. 방파제를 찾아가서 철렁거리는 파도를 맞으면서 고둥을 잡아낸다. 길쭉한 방파제는 바다 바깥쪽으로 뻗어있다. 자연히 끝에서 잡기 시작하여 안으로 접어든다. 가장 끝자락에 도착해보니 날씨가 끄무레하여 꽤나 많은 것들이 나와 붙어있는 게 아닌가. 이 정도면 귀신에 홀린 듯 잡생각 없이 녀석들 잡기에만 집착하게 된다. 흥분상태로 접어든다는 말이 맞다. 싱싱한 자료가 눈앞에 가득 펼쳐져있으니 어찌 미치지 않을 수 있겠는가.

그때다. 홀연히 샛바람과 함께 바위 같은 파도가 내 몸을 내리쳤다. 덮쳤다는 말이 더 맞다. 아, 죽었구나! 이렇게 죽는구나. 번개처럼, 채집하러 다니다 저 세상 먼저 간 후배 생각이 스쳐갔다. 그러나 죽을 수는 아니었나 보다. 물에 빠진 생쥐는 되었지만 두 손은 바위 모서리를 죽기 살기로 붙들고 있었다. 어디서 갑작스레 파도가 몰려왔단 말인가. 근처에 제법 큰 배가 스쳐 지나갔던 모양이다. 갈피를 못 잡는 아찔한 순간이 지나갔다. 절치부심(切齒腐心), 분해서 이를 갈고 속을 썩인들 무슨 소용이 있으랴. 아무튼 혼자 채집하는 것은 위험하기 짝이 없다. 이렇게 죽고 살기를 몇 번이나 했던가. 30여 년을 돌아치면서도 죽지 않고 살아있는 것은 조상을 잘 둔 덕이리라. 언제나 돌봐주신 덕택이다. 정성껏 섬겨 제사 모시리라.

독성분을 지닌 육식성 고둥 무리

채집담은 다른 글에서 더 담기로 하고, 동해안의 겨울 어시장 주변으로 가보자. 살을 에는 찬바람을 이겨내기 위해선 모닥불이 필수이다. 거지가 모닥불에 살찐다고 하던가. 필자도 채집의 피로에 지치고 허기진 상태라 구수한 냄새에 끌려 향기의 진원지(震源地)를 찾아 나섰다. 모닥불 가에 어른 아이 할 것 없이 모여서 열심히들 뭔가를 굽고, 까먹고 있다. 소탈하기 짝이 없는 바닷가 사람들의 모습이다. 다가가 보니 '골뱅이'를 먹고 있는 게 아닌가. 골뱅이를 안주 삼아 소주잔을 걸치는 사람도 있었다. 보통 뱃사람들은 잔으로 술을 마시지 않고 병째로 들고 마신다. 술은 마실수록 몸에 내성(耐性)이 생기는 것일까. 애석타. 저러면 위장과 간이 다칠 터인데. 그놈의 술이 뭐람. 술은 이미 여러 사람들에게 마약이 되어버린 듯하다. 나도 너 때문에 우리 할망구 속 많이도 썩였지. 술 끊겠다고 서약서를 몇 번이나 쓰고서도 술자리에선 또 뿌리치지 못한다. 음·불음(飮·不飮), 술도 마실수록 늘고 마시지 않으면 준다.

독성이 강하다는 털골뱅이[*Fusitriton oregonensis*]를 숯불에 잔뜩 올려놨다. 털골뱅이는 동해에서만 나며 수심 20미터 이하의 깊은 펄에 주로 산다. 말 그대로 껍데기 바깥에 누르스름한 센 털이 부숭부숭 나있다. 골뱅이가 입 가장자리에서 거품을 부글부글 쏟아내며 맛있게 익고 있다. 바닷가에 사는 사람들이 먼저 시범을 보인다. 뾰족하고 가는 꼬챙이를 골뱅이 입에다 푹 찔러서 껍데기를 뱅그르르 돌려서 살을 뽑아내고는, 주둥이 부분에서 뭔가를 조심스레 찾아서 떼낸다. 궁금증이 많은 나는, 그것이 뭔데 왜 떼내냐고 다짜고짜 물어본다. 바닷가 사람은 털골뱅이의 독을 제거하는 것이라고 말했다. 그리고 한 점 먹어보라고 권한다. 불감청(不敢請) 고소원(固所願), 내가 바라던 바가 아닌가. 고소한 맛이 입 안에 확 돈다. 아! 맛있다.

필자는 털골뱅이를 먹을 때 독을 제거해야 한다는 것을 몰라서 혼쭐이 난 경험이 있었다. 살이 저리고, 저 건너 불빛이 귀신 빛이 되어 왔다 갔다, 꺼졌다 켜졌다, 밝아졌다 어두워졌다 하는 것이 골뱅이의 독 때문인 것을 모르고 지나쳤다. 그러나 이놈의 독에 그 까닭이 있다는 것을 나중에야 알고는 그 후로는 털골뱅이만 보면 신경이 곤두선다. 바닷가에 사는 사람들에게는 상식으로 통하는 것을 전공한다는 사람이 모르다니. 뭣도 모르고 송이 따러 간다더니만.

　그건 그렇다 치고, 동해안 쪽 사람들 말씨는 내 경상도 말투와 아주 유사하다. 외국에 가면 피부 색깔이 같은 것만으로도 정감을 느낀다는데 같은 말을 쓰면서 말씨까지 비슷하면 더더욱 가까운 느낌이 드는 것은 당연한 일이다. 세종대왕 때 함경도에 사군(四郡) 육진(六鎭)을 설치하고 경상도 사람들을 올려보낸 것도 그 배경이 되고, 배를 이용해서 쉽게 오갈 수 있는 것도 말의 뿌리가 같다는 이유에서였다. 필자는 우리나라 방방곡곡을 안 다닌 데가 없을 만큼 많이 돌아다닌지라 어느 곳이든 그곳의 말씨를 제법 흉내 낼 줄 안다. 좁은 나라에 어쩌면 그렇게 말씨가 다 다를까. 옛날 사람들은 거의가 태어난 곳에서 멀리 떠나보지 못하고 그 자리에서 죽었다. 소나무 한 그루와 별다를 게 없었다. 멀리, 오래 떨어져있었던 것이다. 그래서 마을마다 풍습이 다 다르고 말씨까지 그렇게 달랐다. 언젠가 제주도 산골에서 노인 분들과 이야기를 나누었는데 필자는 한마디도 알아들을 수가 없었다. 마치 중국 사람들이 대화하는 것을 듣는 것 같았다. 이제는 교통, 통신의 발달과 교육으로 인해 말씨가 거의 통일되고 있는데도 말이다.

아무튼 털골뱅이를 먹을 적엔 목덜미의 살점을 떼내는 것은 생명과도 관계있는 너무나 중요한 일이다. 그 부분이 바로 털골뱅이의 침샘(타선 唾線)인데 그게 바로 독샘(독선 毒腺)이다. 그러니 털골뱅이를 먹을 적엔 반드시 침샘을 떼내고 먹어야 할 것이다. 독이 있어 그런지 맛은 기가 차다. 아마도 털골뱅이의 맛을 능가하는 고둥이 없을 듯하다. 이들 복족류가 갖는 독은 테트로도톡신(tetrodotoxin)이다. 털골뱅이말고도 복어, 성게 등도 이와 같은 유(類)의 독을 갖는다. 털골뱅이는 침샘에 독을 가지고 있지만 복어는 생식소(난소와 정소)와 간에 지닌다. 독뱀도, 모기도, 거머리도 침샘에 독이 들어있다. 사람 침도 다른 동물에게는 무서운 독이 되기도 한다. '침 먹은 지네'라고, 무서운 지네도 사람의 침에 맥을 못 추지 않는가.

그런데 왜 털골뱅이는 독을 가졌을까? 털골뱅이는 육식성 고둥이라 먹잇감에다 침을 집어넣어 상대를 죽이거나 마비시켜서 먹는다. 육식하는 고둥 무리는 독의 양이 많고 적고, 또 독성이 강하냐 약하냐에 차이가 있을 뿐 죄다 머리 부분(침샘)에 독성분을 지니고 있다. '보라골뱅이', '매물고둥', '물레고둥' 등은 대형 복족류로 육식성이다. 따라서 이것들의 머리 부분을 많이 먹으면 술에 취한 듯 머리가 띵하고 정신이 흐려지는 등의 중독증상이 나타난다. 그러나 육식하는 소형 고둥인 두드럭고둥이나 대수리를 먹으면 매운맛이 날 뿐 다른 증상은 없다. 고둥도 먹어보면 육식성인 놈들이 더 맛난다. 깊은 바다 밑에 사는 이놈들을 어떻게 잡아내는 것일까. 동해안을 가보면 동네 어귀 여기저기에 통발이 많이 있는 것을 본다. 이것들이 모두 '골뱅이 통발'이다. 안에다 생선을 찢어 집어넣고 바다 밑에 내려놓으면 녀석들이 걸려든다.

한편 복어의 독은 공격용이라기보다는 방어용으로, 특히 생식소에 농도가 짙다. 하긴 생물치고 독이 없는 것이 없다. 특히 생식 시기에는 더 강한 독을 몸에 쌓는다. 아무튼 테트로도톡신은 신경이나 심장의 활동에 영향을 미친다. 신경에 독이 작용하면 근육이 뒤틀리고 심하면 전신마비가 오며, 의식은 멀쩡하면서도 말이 어눌해지고 숨이 가빠지는 등의 부작용이 온다. 필자도 경험한 일이지만 환각증상이 나타나는 수도 있다. 물론 치사량(致死量, lethal dose)을 먹으면 죽는다.

그런데 재미난 이야기가 있다. 숙달된 복어 요리사일수록 복요리에 소량의 독을 남겨놓아 먹은 후 입 안이 약간 얼얼하게 한다고 한다. 독은 잘 쓰면 약이 된다는 말이 있다. 일종의 이이제이(以夷制夷)라 할 수 있다. 테트로도톡신은 말초신경을 마비시키는 독이라서 말기 암 환자의 진통완화제로 쓴다고 한다. 그뿐 아니라 야뇨증 치료, 국소 마취제의 대용으로 쓰기도 한다. 털골뱅이도 다 요령을 피워 제 살 궁리는 하고 있더라. 창생(蒼生)에서 미물까지 어디 우습게 볼 생물이 있던가.

물고기를 잡아먹는
청자고등

잘 들여다보면 생물도 어느 하나 녹록히 볼 것이 없다. 바다에 사는 패류도 예사로 보면 큰코다친다. 독을 가진 놈들 이야기는 앞에서 했다. 껍데기가 두 개짜리인 이매패를 초식동물에 비한다면 복족류 중에는 육식하는 녀석들이 있으니 벌레, 물고기 등을 잡아먹는 되바라진 놈이 여럿 있다.

처음으로, 이름도 멋들어진 '청자고둥'을 본다. 이름에 '청자(靑瓷)'가 붙었으니 어떤 모양일지는 번뜩 짐작이 간다. 청자고둥을 영어로 콘 셸(cone shell)이라 하는데, 모양이 원추형이라는 의미다. 실은 청자고둥은 꼭대기 나층이 아주 얇고, 길쭉한 체충이 몸의 거의 전부를 차지하며, 각구가 아주 기다랗고 가늘게 열려있다. 쉽게 말하면 원추를 뒤집어놓은 꼴이다. 껍데기가 딱딱하고 색이 고와서 패류수집가들이 최고로 눈독을 들이는 종으로, 우리나라에는 '청자고둥', '상감청자고둥' 등 4종이 남해안에서 주로 채집된다. 세계적으로는 100여 종이 넘는데, 필리핀과 인도네시아 근방에서 나는 코누스 글로리아마리스[Conus gloriamaris]는 10~13센티미터 크기로 황갈색에 정교한 그물 무늬가 있어서 '청자고둥의 장관(glory of the sea cone)'이라 불리며, 세계에서 가장 값비싸다.

청자고둥 무리는 패류 중에서 유일하게 다른 동물을 잡아먹는 기구인 '화살'을 가지고 있다. 물고기를 잡을 때 쓰는 '작살'이란 말이 더 알맞다. 작대기 끝에 뾰족한 쇠를 삼지창처럼 박은 것이 작살 아닌가. 사실대로 말하면 이 무리는 작살 꼴의 치설을 가지고 있으며 그것이 독침(毒針) 역할을 하는데, 독침은 독을 만들어 저장하는 독낭(毒囊)과 연결되어있다. 치설도 무리에 따라 다 달라서 이런 유의 치설은 화살을 닮았다고 '시설(矢舌)'이라 부른다. 청자고둥의 먹잇감은 주로 환형동물(갯지렁이 등), 연체동물, 물고기이다. 화살로 먹이를 찌르면 독이 고기를 마비시킨다. 큰 물고기를 먹었을 때는 소화되고 남은 뼈나 비늘을 토해내는 것을 볼 수 있다. 아주 큰 몇몇 종은 사람에게 치명상을 입히기도 한다. 그래서 열대지방의 아이들이 바닷가에서 노는 모습이 마냥 평화로워 보이지만은 않는다. 청자고둥은 무척추동물 중에서 연체동물이다.

이 하찮은 것이 감히 딴죽을 걸어 척추동물인 어류를 잡아먹다니? 하기야 얄궂게도 만물의 영장이라고 뻐기는 사람도 바이러스 같은 미물에게 못 이겨서 잡아먹히는 판이니. 유구무언이로다.

조개껍데기에 뚫린 죽음의 구멍

여기 간단히 패류 수집에 관한 이야기를 하고 지나간다. 패류 수집은 우표나 동전, 도자기 수집과 동반 대열에 들 정도로 긴 역사를 가지고 있다. 해산패가 주를 이루는데, 그것들이 색깔이 고울 뿐만 아니라 모양도 정교하고 다양하며, 디자인도 정겹고 특이하여 기찬 것이 많다. 그래서 옛날부터 장식용이나 도구, 돈으로도 써왔다. 이미 아리스토텔레스도 이들을 잡아서 분류하였고, 고대 폼페이 폐허 또 멕시코 동남부에 있는 마야의 피라미드에도 이것들이 숨겨져있었다고 한다. 가장 값나가는 패류는 거지반 열대와 아열대지방(인도-태평양, 카리브 해, 지중해)에서 서식한다. 대표적인 수집 대상인 패류는 개오지조개, 청자고둥, 홍줄고둥(volute shell), 뿔소라(rock shell), 대추고둥(olive shell), 구슬우렁이(moon shell), 수정고둥(strombs), 송곳고둥(augur) 등이고 일부 이매패도 수집 대상에 든다. 민물에 사는 것들은 하나같이 크기가 작고, 생김새도 그저 그렇고 색이 곱지 못해서 언제나 푸대접을 받는다. 사람도 그렇지만 조개, 고둥도 모름지기 잘생겨야 값도 나가고 대접도 받는다. 꽃 좋고 잎 좋은 난(蘭)이 없다는데……

패류는 썩지 않아서 보관에 큰돈이 들지 않는다. 그냥 잘 닦아서 상자에 넣어두면 된다. 그런데 수집의 역사가 길어지고 사고파는 품목이 늘어가면서 수집가들도 전문성을 띠게 되었다. 세계적으로 무려 10여만 종의 수집 대상 표본이 있다고 하니 아연 놀랍다. 수집품을 팔아서 돈맛을 본 수집가들은 자연히 세계 바다를 뒤지기 시작했고, 이 때문에 패류의 세계적인 분포나 생태 등이 알려지게 되었다. 우리나라의 몇몇 패류수집가들도 상상 밖의 많은 종류를 소장하고 있다. 조개껍데기에 탐닉하는 사람들. 마음에 드는 것이 있으면 가져야 직성이 풀리는 광적인 사람들(mania)이다.

이제 다시 포악한(?) 육식 고둥 무리 이야기로 돌아가자. 바로 앞에서 서술한 '구슬우렁이'가 이야기 주인공이다. 모양이 둥그스름하다 보니 '구슬'이란 이름을 얻게 되었다. 우리나라에는 '큰구슬우렁이', '밤색구슬고둥', '갈색띠납작구슬우렁이' 등 30여 종이 있다. 껍데기가 아주 딱딱한 것은 물론이고 껍데기 표면이 썩 매끄러운 것도 이 무리의 특징이다. '해물칼국수'를 먹어보면 거기에 여러 가지의 조개 외에 납작하고 둥그스름하며 매끈한 고둥이 들어있다. 이 고둥이 바로 구슬우렁이이다. 해물칼국수에 들어가는 조개는 주로 검푸른 색의 껍데기를 가진 '진주담치'이고 '반지락[*Tapes philippinarum*]', '동죽', '가무락조개'가 들어있는 수도 있다.

그럼 잠깐 같이 바닷가 모래사장을 거닐어보자. 파도에 밀려온 조가비들이 배때기와 등짝을 드러내놓고 은백(銀白)의 모래사장에 널브러져 드러누워 있다. 워낙 바닷물에 씻기고 햇볕에 바래서 하나같이 껍데기가 하얗다. 어지러이 널려있는 것을 보면 성한 것도 있지만 껍데기 일부가 떨어져나간 것도 섞여있다. 가만히 주저 앉아 눈을 바싹 들이대고 잘 보자. 조개에 똥그란 구멍들이 뚫려 있는 게 보이지 않는가. 그것도 일부러 파낸 것처럼 정교하게 뚫 어진 구멍 말이다.

여기에서 정신을 가다듬고 봐야 할 것이 있다. 조개껍데기는 분 명히 겉과 속이 있다. 그렇다면 어느 쪽에서 구멍을 뚫어 들어간 걸까? 안에서 바깥으로? 아니면 밖에서 안으로? 맞다. 밖에서 널 따랗게 파기 시작해서 안으로 들어가면서 조금씩 좁아들다가 결 국은 구멍이 똥그랗게 뻥 뚫린 것이다. 밖에서 누군가가 일부러 구멍낸 것임을 알 수 있다. 그 주범은 바로 구슬우렁이들로 이것 이 바로 '죽음의 구멍'이다. 죽음의 홀(hole)이란 무슨 뜻일까?

구슬우렁이가 조개 냄새를 맡고 슬금슬금 접근한다. 그러다가는 득달같이 발을 쩍 벌려 조개를 통째로 움켜쥐고 입을 벌려 뭔가를 끄집어내서 조개껍데기를 세게 문지르기 시작한다. 본능적으로 생명을 앗아갈 천적임을 알아차린 조개는 있는 힘을 다해서 조개 입을 꽉 닫는다. 구슬우렁이는 조개껍데기를 열 수가 없으니 옆구 리에 치설을 비틀어 구멍을 내기 시작한다. 물방울 하나가 우주를 진동시킨다고 했다. 결국 조개껍데기도 같은 탄산칼슘이지만 치 설의 것이 더 강하다는 말이다. 몇 날 며칠을 삭삭 갈아 조여드는 소리를 조개는 듣고 있어야 하는 것이다.

고둥들은 패각이 염산에 약하다는 것을 다 알고 있기에 염산을 쏟아 부어 몰랑해진 껍데기를 치설로 쓱쓱 갈아 들어간다. 제일 안쪽 진주층에 치설이 닿고, 결국은 구멍이 뚫리고 만다. 먹고 먹힘의 순간이다! 드디어 고둥은 능청맞게 이죽거리며 침샘의 독물(毒物)을 조갯살 안에 쏟아 붓는다. 조개는 나른하게 마취되어 결국 폐각근이 힘을 잃고 두 장의 껍데기가 스르르 맥없이 열려버린다. 구슬우렁이는 껍데기 사이에 주둥이를 처박고 여린 조갯살을 뜯어 먹는다. 그렇게 만들어진 구멍이 조개구멍이요, 죽음의 천공(穿孔)이다. 우리는 그 구멍에 실을 꿰어 쉽게 목에 걸 수가 있는 것이다. 여기까지가 '죽음의 구멍'에 숨어있는 한 맺힌 이야기이다. 지금 이 순간에도 군살 더덕더덕 붙은 우렁이 놈들은 잡아먹겠다고 달려들고, 조개들은 먹히지 않겠다고 발버둥 치고 있을 것이다. 과연 먹고 먹히는 것이 숙명이란 말인가. 부처에도 악(惡)이 있고 악마에도 선(善)이 있다고 한다!

이쯤 하고 노래나 한 곡 부르고 지나가자. 우리 생물학과 전체 학생이 다목적합동채집을 갔을 적에, 초가을 밤하늘을 올려다보면서 단골로 불렀던 노래이다. 산이 무너져라 바다에 금이 가게 불러댔던 악마구리 떼(?)의 합창 소리가 지금도 귀청을 때린다. 결실의 무게를 이기지 못해 밤알이 툭툭 떨어지는 가을의 초입이었지. 퇴임을 오늘 내일 기다리는, 가을앓이 시작된 노 교수의 회한(悔恨)을 그대는 아는가. 퇴임이 이울어가는 꽃과 뭐가 다르겠는가. 맞다! 나이의 무게가 겨울 소나무 가지를 꺾는 함박눈만큼이나 느껴지누나.

조개껍질 묶어 그녀의 목에 걸고
불가에 마주 앉아 밤새 속삭이네
저 멀리 달그림자 시원한 파도소리
여름밤은 깊어만 가고 잠은 오지 않네

아침이 늦어져서 모두들 배고파도
함께 웃어가며 식사를 기다리네
반찬은 한두 가지 집 생각 나지마는
시큼한 김치만 있어주어도 내게는 진수성찬

밥이 새까맣게 타버려 못 먹어도
모기가 밤새 물어도 모두 웃는 얼굴
암만 생각해도 집에는 가야 할 텐데
바다가 좋고 그녀가 있는데 어쩔 수가 없네

윤형주 「조개껍질 묶어」

아무래도 폐각근 설명을 덧붙이지 않을 수 없다. 껍데기가 둘인 조개는 살아있을 때는 껍데기를 닫지만 죽으면 저절로 열린다. 껍데기를 닫게 하는 것이 폐각근이고 열게 하는 것이 각정부(殼頂部)에 붙어있는 인대(靭帶, ligament)이다. 산 조개의 살을 뽑아내고 두 껍데기를 눌렀다 놨다 해보면 캐스터네츠가 따로 없다. "딱- 딱-

딱-!" 껍데기를 닫도록 하는 폐각근이 없으니 인대 혼자서 껍데기를 계속 열리게 한다. 007가방의 여닫이 원리가 바로 이 조개에 있는 것이다. 가방이 열리는 것은 인대, 닫히는 것은 폐각근이 맡아 하는 것. 이렇게 서로 반대되는 일을 하는 것을 '길항(拮抗)'이라 한다. 인대는 갈색 키틴(chitin)질의 것이 껍데기 밖에 붙어있다. 그리고 폐각근은 조갯국을 먹어보면 단방에 알 수가 있는데 조갯살을 떼어 먹고 나서 보면 껍데기 안에 앞뒤 두 개의 작은 살덩어리가 붙어있다. 그것이 다름 아닌 폐각근이다. 아주 큰 '가리비'나 '키조개'는 이 폐각근도 아주 커서 그것을 '패주(貝柱)'라 부른다. 패주를 잘라내서 새끼에 꿰어 팔기도 하지만 그대로 말려서 팔기도 한다. 쫄깃하고 쫀득한 것이 맛이 있다.

불가사리를 잡아먹는 나팔고둥

여기에 또 다른 육식성 고둥이 있다. 같은 연체동물을 먹는, 동족 살생을 하는 구슬우렁이와는 성질이 다른 '나팔고둥[*Charonia sauliae*]'이다. 당찬 나팔고둥은 불가사리나 해삼 같은 극피동물(棘皮動物)을 과녁으로 삼는다. 굴(양식 굴을 말한다) 밭을 헤집고 다니는 불가사리도 천적이 있었구나? 따오기가 그 독한 무당개구리를 먹는다더니만.

'불가사리'는 두 가지가 있어서 첫째는, 취음(取音, 말의 뜻에는 상관하지 않고 음만 비슷하게 나는 한자로 적는 일)으로 '不可殺伊(불가살이)'라 쓴다. 죽일 수 없거나 잘 죽지 않는다는 뜻이다. 불가사리는 상상 속의 짐승이다. 모양은 곰 같고, 코끼리의 코, 무소의 눈, 소의 꼬리, 범의 다리와 비슷하게 생겼는데, 쇠를 능히 먹으며, 악몽(惡夢)을 물리치고, 사기(邪氣, 요망스럽고 간악한 기운)를 쫓는다고 한다.

두 번째 불가사리는 표피에 가시가 많이 난 것을 특징으로 삼는 극피동물이다. 이 동물도 앞의 괴이한 동물과 닮은 점이 있는데 잘 죽지 않는다는 점이다. 옛날 서양 어부들은 바닷가에서 굴이나 조개를 양식했는데, 여기에서 어부를 괴롭히는 놈은 단연 불가사리였다. 그 헤살꾼이 갈근거리며 달려들어 조개를 열고 다 잡아먹으니 그놈들이 원수요 불구대천(不俱戴天)이다. 그래서 잡으면 괘씸하고 미운 마음에 '죽어봐라 이놈들!' 하고 도끼로 난도질하여 이죽이죽 웃으며 바다에 되던져버렸던 것이다.

그 후 어떤 일이 벌어졌을까? 놀랍게도 불가사리의 숫자가 되레 늘어나 굴 밭을 놈들이 휩쓸게 되었다. 아차! 불가사리가 그렇게 재생(再生)하는 힘이 뛰어날 줄이야. 보통 불가사리는 다리가 다섯이고 중앙에 둥그런 판을 갖는다. 도끼로 내려칠 때 중앙반(中央盤, central disk)의 5분의 1만 붙어있으면 너끈히 재생을 한다. 죽일 수 없다는 '불가사리'란 이름이 이 동물에 알맞다는 생각이 들지 않는가. 그래서 불가사리를 죽일 땐 잡아서 햇볕에 말려 죽여버린다. 아무튼 바다 밑바닥은 깊고 얕고를 떠나서 불가사리 세상이다. 불가사리, 해삼, 성게 등에 대해 더 알고 싶으면 『한국동식물도감』 중 「36권, 극피동물편」(교육부)을 참조하시기 바란다.

그런데 놀랍게도 나팔고둥이 이놈들을 잡아먹고 산다고 한다. 여러 종류의 조개들과 불가사리들을 나팔고둥과 함께 수조에 넣어보았더니 불가사리만 잡아먹더라는 실험도 있다. 그러니 멸종위기종이 되어버린 이놈들을 많이 키우면 일거양득이 아니겠는가. 다시 말해서 종묘생산기술(種苗生産技術)의 개발이 필요하다는 뜻이다. 나팔고둥은 키워 먹고 불가사리는 없애고.

나팔고둥은 우리나라에서는 제일 큰 대장 고둥이다. 각고가 25~30센티미터나 되는 커다란 복족류이다. 제주도 근해에 주로 살며 물론 식용한다. 큰 놈 한 마리만 잡아도 푸짐하다. 껍데기는 아주 두꺼워서 패공예(貝工藝)나 장난감, 장식용으로 쓰인다. 무엇보다도 옛날에 세계적으로 취악기(吹樂器), 즉 군사 목적인 나팔로 썼다. 우리나라만의 이야기가 아니다. 옛날 사진이나 영화를 보면 군인들 복장을 한 사람이 고둥나팔을 부는 장면을 목격할 수가 있다. "뿌우 – 뿌우 – !"

나팔고둥과 비슷하게 불가사리 성게, 해삼 등의 극피동물을 잡아먹고 사는 육식고둥이 하나 더 있다. 둥그스름한 것이 밥통을 닮아서 위(胃) 자가 붙은 '위고둥[Tonna luteostoma]'이다. 나탑(螺塔, 체층 위에 있는 전체 층)은 낮고 작은 대신 체층이 거의 전부를 차지하고, 각구도 워낙 커서 체층의 거의 반을 차지한다. 나륵(螺肋, 각 층의 나관이 성장 방향과 나란히 생기는 가로주름)은 굵고 둥근 것이 촘촘히 나있다. 어린 유패일 때는 각구에 뚜껑이 있으나 성패가 되면서 없어진다. 간이 배 밖으로 나온 천하의 무적 불가사리도 나팔고둥이나 위고둥만 만나면 쪽을 못 쓰고 도망가기 바쁘다. 뛰어봤자 벼룩이지만 일단 튀고 본다. '호랑이 잡아먹는 담비'가 있다더니만, 천적이 없는 생물이 없다.

연작이 어찌 홍곡의 뜻을 알리오

다음은 여간해서 들어보기 어려운 복족류, 후새류(後鰓類, opisthobranch)에 속하는 무리 이야기다. 땅에 사는 '민달팽이(slug)'처럼 껍데기를 잃어버린 무리가 바다에도 있다. 군소(sea hare) 무리와 갯민숭이(sea slug) 무리를 묶어 '후새류'라 부른다.

군소부터 보자. 그것의 특징은 껍데기가 퇴화하여 작고 납작한 판 모양으로 몸 안에 들어있고, 머리에는 촉각과 촉수가 각각 1쌍씩 있다는 것이다. 우리나라에는 '군소', '말군소' 등 4종이 있는데, 큰 놈은 몸길이가 무려 30~40센티미터나 되니 꽤 큰 축에 든다. 꼬리(뒤)쪽 외투강에 아가미가 있어서 후새류라고 부른다. 그리고 군소는 해초를 뜯어 먹는 초식을 하며, 외부의 자극을 받으면 순간적으로 '물감샘(purple gland)'에서 여러 가지 색깔의 체액을 분비한다. 물론 종에 따라 그 색이 다르다. 몸의 양쪽에 있는 얇은 막, 즉 날개 모양의 측족엽(側足葉, parapodia)이 이동을 돕는다.

태풍이 지나간 다음 바닷가에는 해초가 밀려와 더미를 이루고 있다. 군소 무리는 지진이 오는 것을 먼저 알아차린다고 하는데, 태풍 오는 것을 일찌감치 알아차리고 바닷가 해초에 기어나왔다가 파도에 밀려나 해초 더미에 누워있는 것이다. 메말라가는 군소는 하나같이 제가 뿜어낸 염료를 그득 뒤집어쓰고 있다. 거짓말을 섞으면 '산더미'를 이룬다. 거기를 잘 들여다보면 여러 종류의 죽어 널브러진 군소를 채집할 수가 있다. 독자들은, 동해안 어느 시장이든 들르거든 '군소'가 어떤 것인지를 물어보시라. 커다란 군소를 익혀서 꼬치에 줄줄이 끼워 팔고 있으니…… 썰어서 초장에 찍어 먹으면 맛있고 술안주로 으뜸이라고 하던데, 왜 그때 그걸 먹어보지 않았는지 후회한들 무슨 소용이 있으랴. 쓴웃음이 난다. 눈에 선 것이라고 두려워했던 탓이었다. 도전, 변화, 창조를 강조하는 나인데도 말이다. 아무튼 필자도 군소를 먹어보지 못한 것이 한스럽다. 먹어보진 않았지만 고둥과 같은 연체동물이니 맛이 괜찮을 것이다.

이제 갯민숭이를 보도록 하자. 갯민숭이는 겉으로 보면 역시 껍데기를 모두 잃었기에 군소와 아주 비슷해 보인다. 그러나 다른 점은 군소가 초식을 하는 데 반해 이것은 육식을 하고, 머리 부위에 한 쌍의 촉수가 있으며 몸의 뒤편(위)에 아가미다발이 솟아있다. 아가미가 겉으로 성글게 나와있기 때문에 갯민숭이를 나새류 나새류(裸鰓類, nudibranch)라 하기도 한다.

갯민숭이는 색깔이 다양하고 무늬도 현란하며 몸매도 맵시가 난다. 우리나라에는 '갯민숭달팽이', '검둥이갯민숭이' 등 20여 종이 살고 있다. 이 무리는 몸(육질)이 연약하기 때문에 채집하여 고정액에 저장(고정)하면 몸의 형태가 바뀌는 것은 물론이고, 변색까지 된다. 그리고 이것들은 제주도를 중심으로 남해안 깊은 바다에 주로 사는데 일반적으로 동남아 종의 북방한계가 제주도이다. 사람은 국경이 있는지 몰라도 생물에겐 국경이 없다. 사람도 생물일진대.

다음 이야기는 다른 동물세계에서는 정말로 보기 드문 일이다. 갯민숭이 중에서 '검정갯민숭이', '눈송이갯민숭이' 등 몇 종은 자포동물(刺胞動物, 강장동물)을 먹는 육식을 한다. 말미잘이나 산호붙이히드라류 등을 잡아먹고, 먹이가 가지고 있는 자세포(刺細胞, sting cell)를 버리지 않고 제 몸(자포낭)에 잘 보관했다가 자기 방어에 쓴다. 갯민숭이가 사람을 쏘아서 다치게 한 예가 호주 등지에서 여러 번 보고된 적이 있다. 먹이 속에 들어있는 '무기(자세포)'를 그냥 제 몸 안에 은닉해뒀다가 그것을 자기 방어나 포식(捕食)용 무기로 쓴다니 신기하지 않은가.

위의 원고를 쓰고 얼마 안 있어 아주 비슷한 내용의 기사를 읽었다. "개 눈에는 똥만 보인다."라고 하던가. 남들이야 이런 것을 그러려니 하고 읽고 넘기겠지만 그것을 예사로 보지 않는 사람도 있다. <동아일보>에 실린 짧은 글을 읽어보자.(「사이언스」, 2004년 5월 24일)

중남미 인디오들은 동물 사냥용 화살촉 끝에 개구리의 독을 바른다. 그래서 이 개구리의 별명도 '독침개구리'이다. 최근 독침개구리가 지닌 독성의 원천이 밝혀져 화제가 되고 있다. 미국 보건복지부의 화학자 존 데일리 박사 팀은 파나마 열대우림에 사는 독침개구리 180마리를 모아 배를 가르고 위의 내용물을 검사했다. 조사 결과 독침개구리의 위 속에는 브라키미르멕스[*Brachymyrmex sp.*]와 파라트레키나[*Paratrechina sp.*]라는 두 종류의 불개미로 가득했다. 이들은 우리나라에서 흔히 볼 수 있는 불개미의 친척이다. 연구팀은 이 불개미들이 알칼로이드(alkaloid)를 분비한다는 사실을 처음으로 알아냈다. 알칼로이드는 인간과 동물에게 강한 생리 작용을 일으키는 독성물질로 포식자의 위협에 대처하는 수단이다. 독침개구리가 독성물질인 알칼로이드를 만들어내는 불개미를 상당수 잡아먹는다는 사실은 독침개구리가 불개미한테서 독성을 얻는다는 것을 의미한다고 연구팀은 밝혔다. 이 연구 결과는 <미국 국립과학원 회보> 최신호에 실렸다. (…) 현재 독침개구리나 불개미의 알칼로이드는 외국의 몇몇 거대 제약회사들이 강심제나 살충제의 용도로 연구하고 있다. 소량의 알칼로이드는 심장을 적당히 자극할 수 있고, 알칼로이드의 독성은 해충을 죽일 수 있기 때문이다.

우리가 몰라서 그렇지 이들과 유사한 방법으로 신무기를 개발(?)한 생물들이 많이 있을 것이다. 아직도 우리가 모르는, 드러나지 않은 것을 찾아 나선 사람들이 많으니 다음 소식을 기다려보자. 허나, 연작(燕雀, 도량이 좁은 사람)인 인간이 어찌 홍곡(鴻鵠, 포부가 원대하고 큰 인물)인 생물들 뜻을 알리오.

물고기와 조개의
뗄 수 없는 인연

　　손길은 덧없이 책장을 넘기건만, 눈길은 하염없이 창밖을 헤맨다. 저 혼자 흐르는 강물과 바람에 흔들리는 숲에서 '침묵의 힘'을 배운다. 한데, 큰 나무 한 그루가 숲을 이룰 수는 없다. 아니 엄두도 낼 수 없다. 숲에는 장대 나무는 물론이고 어린 나무, 잡풀, 고사리에다 버섯까지 숱한 생명체가 어우러져 산다. 흙바닥에는 지렁이, 지네에다 눈에 안 보이는 곰팡이, 토양세균이 그득하다. "독불장군은 없다."라는 말이 실감난다. 생물계는 혼자서 따로 존재하는 일 없이 서로 더불어 한 코, 한 땀 얽혀 산다. 말 그대로 필요충분조건을 다 갖춘 바로 상생(相生)이다. 사람도 마찬가지가 아닌가. '나'라는 자리에서 보면 누구나 다 '우주의 중심'에 서있다.

본론으로 돌아가서, 어떻게 생물들이 서로 도우며 공생(共生, symbiosis)하는지 수많은 예 중 하나를 보자. 강에는 물고기와 조개가 살고 있다. 그런데 물고기 중에는 조개 없이 살지 못하는 것이 있는데 납자루 무리(12종)와 중고기 무리(2종)가 그들이다. 이 물고기들은 반드시 조가비 안에다 알을 낳기 때문이다. 조개에는 물이 들어가는 입수관(入水管)과 물이 나오는 출수관(出水管)이라는 두 개의 구멍(관)이 있다. 물고기는 산란기가 되면 알을 낳는 관인 산란관(産卵管)이 길어져 그 끝을 조개의 출수관에 집어넣어 산란한다. 알을 낳자마자 수컷이 달려들어 정자를 뿌려 조개의 몸 안에서 수정이 된다.

수정란은 딱딱한 조개 속에서 발생하여 한 달 후에는 어린 물고기(치어)가 된다. 기막힌 작전이다! 조개 몸속의 알은 다른 물고기에게 잡아먹히지 않고 고스란히 다 커서 나온다. 얼마나 교묘한 적응(진화)을 했는지 모른다. 강물에는 다행히도 조개를 통째로 꿀꺽 잡아 삼키는 동물이 없지 않은가. 물고기는 인큐베이터(부란기) 속에서 자란 미숙아(未熟兒)의 모습을 빼닮았다. 그래서 이 물고기는 돌 밑이나 수초에 산란하는 물고기에 비해서 적은 수의 알을 낳는다. 낳은 알이 죽지 않고 죄다 새끼가 되니 많은 알을 낳지 않는 것이다. 요즘 사람들이 적게 출산하듯이.

'산란관'이란 말이 좀 어렵게 들릴지 모르겠으나, 귀뚜라미나 메뚜기 암놈도 산란관을 흙에 꽂아 넣고, 말벌도 곤충의 애벌레 몸에 그것을 찔러 산란한다. 이들 어류는 산란기가 되면 가늘고 긴 산란관이 항문 근방에서 자라 나온다. 물론 산란 후엔 몸 안으로 빨려 들어가고 만다. 이때가 되면 수컷들은 온몸에 예쁜 색, 혼인색(婚姻色)을 띤다. 이렇게 긴 산란관이나 멋진 혼인색으로 신호를 보내어 상대를 유인하는 것이다. 암놈의 산란관을 본 수놈은 흥분을 가라앉히지 못하고 조개 찾기에 혈안이 되고, 현란한 치장을 한 수놈을 본 암놈 역시 흥분을 감추지 못하고 산란관을 내놓는다. 늙고 젊고를 떠나 맵시를 내는 것은 사람도 다를 바 없다. 이것이 바로 '성(性)의 선택' 때문이다. 못생겼거나 건강하지 못하면 좋은 짝을 만날 수 없고, 결국 자식을 얻지 못하여 도태되고 만다.

조개와 물고기의 숙명적인 상생

아무튼 세상에 공짜가 어디 있던가. 생물들은 반드시 갚음을 한다. 앙갚음이 아닌 보은, 은혜를 되돌려준다는 말이다. 얻은 것이 있으면 그만큼 돌려준다. 이것이 상생이요, 공생이다. 공생이란 다 알듯이 서로 이익을 주고받으면서 살아가는 것이다. 공생에도 두 쪽 모두 이득을 얻는 상리(相利)공생, 한쪽만 득이 되는 편리(便利)공생이 있다. 한편 한쪽은 득이 있고 다른 편은 손해를 볼 때 이것은 기생(寄生)이다. 그러나 넓고 크게, 전체를 둘러보면 모두가 공생이고 상생이다. 기생도 일종의 공생이란 뜻이다. 못난이 덕에 자칭 잘난 이도 있는 것.

어쨌거나 공짜는 없다. 그래서 이제는 조개가 물고기에게 신세를 진다. 아니, 조개가 본전을 뽑을 차례이다. 물고기와 조개의 산란 시기가 우연찮게 일치하는 것도 재미있다. 여기 말하는 조개 또한 물고기 없이 살지 못한다. 조개가 물고기의 지느러미나 아가미에 알을 붙이는 무리는 말조개, 펄조개 등 10여 종이나 된다. 여기서 잠깐 쉬어가자.

'방휼상쟁(蚌鷸相爭)'이란 말이 있다. "전국시대에 의로운 전쟁이 없었다."라는 말이 있듯이 당시에는 불의한 싸움이 그칠 새가 없었다. 강대국인 진나라는 자기네의 우세함만 믿고 수시로 다른 나라들을 침공하였으며 기타 여섯 나라들 사이에도 자주 전쟁이 일어났다. 어느 날 조나라에서 연나라를 치려 하자 소대라는 사람이 연나라의 유세객이 되어 조나라에 파견되었는데 그는 조나라 혜왕을 만난 자리에서 이렇게 말했다.

"제가 귀국으로 오던 길에 역수에서 목격한 일입니다. 조개 하나가 아가리를 딱 벌리고 햇볕을 쬐고 있는데 갑자기 도요새 한 마리가 날아와 긴 부리로 조갯살을 쪼았습니다. 그러자 조개는 곧 아가리를 다물어버렸는데 그 바람에 도요새의 부리가 조개껍데기에 물려 옴짝달싹 못하게 되었습니다. 이때 지나가는 어부가 힘들이지 않고 싸우는 조개와 도요새를 손에 넣었습니다."

소대는 여기까지 말한 다음 결론을 맺었다.

"이제 귀국에서 연나라를 치게 되면 연나라와 조나라는 오랜 기간 서로 공방전을 벌이다가 마침내 국력이 피폐해질 것입니다. 그 결과 진나라가 어부지리를 보게 되지 않을까 신은 염려됩니다.”

도요새를 해오라기라고도 하는데, 방합(蚌蛤)을 먹으려고 부리를 넣었다가 방합이 물고 놓지 않으므로 서로 다투는 사이에 둘 다 어부에게 잡히고 말았다는 옛일에서 나온 것이다. 둘이 서로 다투어 그것이 제삼자, 즉 옆사람만 이롭게 한다는 뜻이다. 방휼지쟁(蚌鷸之爭), 어부지리(漁父之利), 견토지쟁(犬兎之爭)이란 말들이 다 비슷한 의미이다.

여기에 설명을 조금씩 보태보자. 위의 글에서 해오라기는 백로(白鷺)를 말하고 줄여서 ‘해오리’라고도 부르고, 방합은 ‘조개 방(蚌)’, ‘조개 합(蛤)’이 합쳐진 것으로 민물조개를 말한다. 그렇다면 민물에 사는 어느 조개를 말하는 것일까? 여기저기를 찾아보자. 방합은, “민물조개로 패각의 길이가 10센티미터 가량이며 각피는 흑색이고 긴 타원형이며 두껍고 매우 단단하다. 안쪽은 매끈하고 진주 광택을 내며 아름답다. 맑은 냇물의 진흙바닥이나 모래땅에 산다. 껍데기가 날카롭기로 옛날에는 밥주걱이나 칼로 썼다. 여러 가지 공예재료로 쓰인다.”라는 설명이 있었다. 방합은 분명히 말조개나 대칭이, 펄조개 등을 칭한다. 그리고 흔히 섭조개라 하는데, 민물에 나는 말조개나 바다의 홍합 따위를 말한다.

이제 다시 본론으로 왔다. 물고기가 조개에 알을 낳는 순간 조개도 알을 출수관을 통해서 내뿜어버린다. 여기서 조개의 ‘알’이라고 했지만 실은 이미 발생이 진행된 ‘유패’란 말이 맞다. 조개의 유생은 이미 두 장의 어린 껍데기가 생겼고, 껍데기의 한쪽 끝에 예리한 갈고리가 있어서 그것으로 물고기의 지느러미나 비늘을 쿡 찍어 찰싹 붙는다. 거기서 끝나지 않는다. 물고기의 살 속에 뿌리(허근 虛根)를 박아서 피를 빨아 먹는다. 조개 유생도 거의 한 달간 물고기에 붙어 자라나는데 한 달쯤 후엔 강바닥에 떨어진다.

이러니 강에 조개가 없어지면 물고기가 사라지고 물고기가 죽어버리면 조개도 따라 죽고 만다. 이것이 같이 살아가는 숙명적인 상생이 아니고 뭐란 말인가. 한 생물이 없어지면 그에 따르는 여파가 얼마나 클까. 도미노(domino)현상이 생태계에 일어나고 만다. 이들 조개와 물고기에게서 더불어 사는 지혜를 배워볼 것이다.

물고기 몸에 붙어 번식하는 민물조개

위의 글에서 '유생', '유패'란 단어가 나왔다. 이 녀석이 이 글의 주인공이다. 이 세상에 이런 식으로 종족을 퍼뜨리는 놈이 드물다. 민물에 사는 석패과 조개들만이 유패, 즉 글로키디움(glochidium)을 만든다. '석패'란 말은 직역하면 '돌조개'로 껍데기가 돌같이 두꺼운 조개란 뜻이다. 우리나라에서 나는 석패과 조개는 말조개, 칼조개, 도끼조개, 두드럭조개, 대칭이, 펄조개 등인데 두드럭조개, 칼조개는 껍데기가 아주 두껍다. 그래서 인공진주를 만들 때 쓰는 핵 제조에 이 조개를 쓴다고 한다. 그리고 나머지 석패과 조개는 모두가 껍데기는 얇아도 진주층이 발달하여 담수양식진주의 모패로 쓰인다. 북 치고 장구 친다는 말이 언뜻 생각난다. 모패도, 또 거기에 넣는 핵도 이들 석패과 무리에서 나온다고 하니 말이다.

아무튼 석패과 조개들은 어느 것이나 글로키디움을 아가미 속에 만들어 넣는다. 물고기나 다른 무척추동물들이 알을 낳거나 스쳐 지나가면 성숙된 유패를 사방에 확 뿌려서 그들 몸체에 달라붙게 한다. 글로키디움은 어린 조개에 해당되기에 두 장의 얇은 껍데기가 있고, 껍데기 끝에는 둘 다 예리한 갈퀴(hook)가 있고 조직 안에도 여러 개의 작은 갈고리(hooklet)가 있다. 그뿐만 아니라 가늘고 긴, 끈적끈적한 유생사(幼生絲, larval thread)라는 실을 달고 있다. 물고기가 근방에 오면 물고기 몸을 실로 묶고 갈고리로 꽉 찍어서 숙주의 몸에 달라붙어 무전여행을 한다. 종에 따라서는 유생 몸길이의 60배나 되는 긴 실을 늘어뜨려 물고기가 걸리기를 기다리기도 한다. 아무튼 글로키디움은 아가미나 지느러미, 눈알, 콧구멍 등 가리지 않고 아무 데나 붙는다. 그러나 살펴보면 가장 많이 붙는 곳은 활동이 많은 가슴지느러미이다.

지금부터 글로키디움은 '기생충(parasite)'이 된다. 몸에서 새로 생겨난 허근을 물고기의 몸 깊숙이 박아서 숙주의 체액이나 피를 빨아 먹으면서 모양과 크기가 바뀌는 변태를 해간다. 그런데 만일 물고기가 가까이 오지 않을 때는 어쩐담? 한 마리의 조개는 수만 마리의 유생을 만든다. 이 때문에 사방에 글로키디움을 뿜어둔다. 조개 새끼가 바닥에 흩뿌려져 있으니 고기들이 그것을 먹으려 떼거리로 몰려든다. 들쥐를 본 매처럼 눈에 불을 켜고 달려든다. 틀림없이 조개나 그 새끼들은 물고기 냄새도 맡아낼 것이다. 투자 없이는 수입도 없는 법. 일부는 물고기에게 먹히지만 또 아주 적은 일부는 어체(魚體)에 달라붙는 기발한 작전을 부린다. 물고기들이 지느러미를 움직이면 조개 유패들이 물에 둥둥 떠오른다. 이때다! 실로 물고기를 칭칭 매고, 벌린 입을 꽉 다물면서 지느러미, 아가미, 눈동자에까지 짝 붙는다.

그런데 알고 보면 민물에 나는 조개는 '재첩'과 '민물담치'를 제외하고는 죄다 석패과 조개이고, 이것들은 모두 글로키디움으로 번식한다. 민물조개의 대명사가 바로 새끼조개 글로키디움이다.

그러면 왜 이런 진화를 하게 되었을까? 굴의 발생을 간략하게 보자. 굴은 모든 이매패류를 대변하는 발생방법을 가진다. 수정란이 부화하여 바닷물에 떠다니면서 섬모가 많이 난 담륜자가 되고 피면자로 바뀐 다음에 어린 유패가 되어 바위나 돌에 붙는다. 그런데 민물조개는 이런 변태를 하지 않는다. 대신에 글로키디움(발생 단계에서 피면자 시기에 해당한다)이라는 유생세대를 거치면 굴의 탈바꿈 과정을 거치게 되는 것이다.

그런데 글로키디움이란 말은 '갈고리'란 뜻으로 지름이 1.5밀리미터 정도로 육안으로도 잘 보인다. 외국의 민물조개(석패과) 중에서 람프실리스 오바타[Lampsilis ovata]란 놈은 아주 특이한 수단을 동원하여 유패를 시집보낸다. 껍데기를 살짝 열고 외투막을 벌려두는데 돌출한 모습이 꼭 연준모치(minnow) 새끼를 닮아있다. 의태(擬態, mimicry)를 하는 것이다. 그리하여 작은입배스(smallmouth bass)가 잡아먹으러 달려드는 순간 외투막을 집어넣으면서 글로키디움을 쏟아 뱉어 배스 몸에 달라붙인다. 영리한 녀석들!

선업선과(善業善果), 착한 일을 해야 좋은 열매를 맺는 것이 아닌가. 악연이든 선연이든 간에 둘 다 인연이라 한다. 물고기와 조개가 이렇게 연을 맺고 있다니 신기하지 않을 수 없다. 어류와 패류가 공진화(共進化, coevolution)를 해온 것이다. 공진화란, 복수의 종이 서로 생존이나 번식에 영향을 미치면서 진화하는 현상을 말한다. 포식자와 피식자, 기생자와 숙주, 또한 경쟁자와 공생자끼리 한쪽의 적응적 진화에 대해서 대항적 진화 또는 협조적인 진화를 하는 것이다. 한마디로 질곡의 삶이 만든 부산물이다. 예를 들어서, 한 식물이 자기를 먹는 초식동물에 해가 되는 물질을 새로 만들어서 대항하면, 초식동물은 그 독을 분해하는 물질을 새로이 합성해가는 것이다. 물고기가 조개의 수관에 알을 집어넣으니 조개는 제 새끼를 물고기에 붙인다. 한데 어느 행위가 먼저 생겨났을까나? 아니면 동시에 이런 일이?

삼사일언(三思一言), 한 말씀 하시기 전에 세 번 생각하실 것. 여태 우리는 조개의 새끼치기를 알아보고 있다. 조개가 새끼를 물고기 몸에 붙여서 양분을 얻어가면서 탈바꿈하는 것은 분명히 땅바닥에 떨어져 성숙하는 것보다 훨씬 유리하다. 재빠른 물고기에 붙여놨으니 다른 동물들에게 잡아먹히지 않아 좋다. 아주 유리한 적응인 것이다. 조개는 이동성이 없는 동물이기에 대신 새끼들에게 기동성을 부여해준 것이다. 빠른 물고기 배달부가 강이나 호수를 가로세로, 아래위로 질러서 종횡무진 멀리까지 이동을 한다. 저 멀리까지 가서 몸에서 떨어져 거기에서 신천지를 개척할 수가 있는 유리한 적응방산(適應放散, adaptive radiation)을 한다. 새로운 환경을 개척하여 적응하면서 퍼져나가는 진화를 적응방산이라 한다. 세계 어디를 가도 한국 사람이 없는 곳이 없더라. 일종의 적응방산인 것이다. 조개는 물고기 때문에 멀리, 또 살지 않았던 곳까지 새끼를 퍼뜨릴 수가 있어서 좋다. 신천지 개척이 변화요 진화가 아니고 뭐겠는가.

하나 덧붙일 것은, 글로키디움이 물고기에 더덕더덕 떼거리로 달라붙으니 숙주가 기진맥진, 영양분을 다 빼앗겨 죽는 수가 있다. 실제로 실험을 해보면, 전신에 글로키디움이 다닥다닥 붙어있기도 한다. 필자는 몇 마리가 어느 부위에 붙으며, 어느 어류가 가장 좋은 숙주인가, 일정한 온도에서 얼마간 붙어있는가 등 글로키디움의 생태를 밝혀 그것을 여러 편의 논문으로 발표하기도 했다. 그리고 조개마다 글로키디움의 크기나 모양이 다 다르다는 것이 또한 흥미를 끌었다. 그래서 주사전자현미경 사진을 찍어서 서로 비교하여 논문을 쓰기도 했다. 조개마다 유패 형태나 특징이 다를 것이라는 것, 그것은 상식이다. 끝으로 말할 것은 물고기에 부착한 글로키디움은 약 한 달간(수온 등 여러 조건에 따라 조금씩 다르지만) 변태하여 거의 조개 모양을 다 갖춘 다음에 강바닥에 떨어진다. 낙지(落地)한 그 자리에서 멀리 가지 못하고 그 근방에서 일생을 보낸다. 거기가 바로 '제자리'로, 새삼스럽게 나의 화두를 떠올리게 한다. 너는 왜 거기서 살게 되었는가?

다음은 거꾸로 어류가 패류에 산란하는 것을 보자. 중요한 것을 먼저 하나 이야기해둔다. 납자루 무리는 산란관을 출수관에 집어넣어 아가미 안에다 알을 틈입하는 데 반해서, 중고기들은 입수관에 집어넣기에 알이 외투강 안에 있게 된다. 그래서 알이 든 조개를 잡았을 때는 외투강과 아가미 모두를 잘 관찰해야 한다. 조개 껍데기를 벌렸을 때 외투강에 있는 알이나 어린 물고기는 중고기의 것이고, 아가미에서 꼼작거리는 것은 납자루의 것이다.

물고기는 잘 때도 눈을 감지 않는다. 조금 더 보자. 참 헤아릴 수 없이 야릇하고 이상한 것은 왜 한 무리는 출수관에다, 또 딴 무리는 입수관에다 산란을 한단 말인가. 아마도 출수관과 입수관이 물고기의 산란관과 궁합이 맞아야 되는 게 아닌가 싶다. 조개를 보면(각정이 위쪽에 가게 둔다) 오른쪽 끝에 수관(水管) 두 개가 불쑥 튀어나와 있다. 두 개 중에서 위에 자리 잡은 것이 출수관이고, 아래 발쪽으로 삐죽 나와있는 것이 입수관이다. 아래쪽으로 물이 들어가서 아가미를 거쳐 위에 있는 출수관으로 물이 뿜어 나온다. 그리고 두 개 중에서 지름이 큰 것(굵은 관)이 입수관이고, 작은 것(가는 관)이 출수관이다. 멍게의 것을 봐도 그렇다. 그리고 사람이 숨을 쉴 때도, 흡기 때와 호기 때를 비교하면 들이쉬는 공기의 흐름이 느리고 나가는 것은 빠르다. 지금 바로 해보시라! 그러니 들숨 때는 숨관이 확대되어 공기가 천천히 들어오고, 날숨 때는 기관이 가늘어(좁아)져서 공기가 재빨리 밖으로 나간다. 그래야 신선

한 공기를 계속 마실 수가 있는 게 아니겠는가. 맑은 것을 천천히 빨아들여서 이산화탄소가 든 것은 저 멀리 뱉는다. 그래서 조개의 수관도 아래에 있는 입수관이 굵고 위의 출수관이 가늘어서 천천히 물이 들어가고 빠르게 나간다.

알은 안전한 조개 속에서 수컷이 뿌린 정자와 수정하여 그 안에서 역시 한 달 정도 발생한 뒤 어린 물고기가 되어 밖으로 나온다. 아가미 안에서 자란 납자루 치어는 출수관을, 외투강에서 커온 중고기 새끼들은 입수관을 타고 나온다. 두 물고기 모두 조개가 빨아들인 물에 녹아있는 산소를 얻어먹고 자란다(발생에 필요한 난황을 다 가지고 있으니 조개에서 양분을 얻지는 않는다). 그런데 문제가 하나 있다. 즉, 두 짝의 아가미 중에서 한쪽 것에는 물고기 새끼가 끼어있어서 조개의 호흡에 큰 지장을 준다. 그러나 죽을 정도는 아니다. 앞에서 말했듯이 물고기는 새끼조개 때문에 죽는 수가 있다고 했으니 하는 말이다. 참말로 "공짜 없다."라는 말이 실감난다. 물고기는 미숙아를 유리관(인큐베이터)에 넣어서 다른 동물의 침입을 받지 않고 자식을 고스란히 키워내니 좋다. 그런가 하면 시골 조개는 새끼를 고속철 태워 도시로 시집보내니 그 또한 좋다.

한데 조개가 없으면 납자루 무리와 중고기 무리는 절대로 알을 낳지 않는다. 플라스틱으로 만든 가짜 조개에도 낳지 않는다. 여러 방법으로 실험을 해봤는데 모두 물거품이 되었다고 한다. 조개를 찾아내는 것은 수놈의 몫이다. 산란기가 되면 수놈은 전신에 울긋불긋 혼인색을 띠고, 암놈은 배꼽에 기다란 산란관을 달고 강바닥을 헤매기 시작한다. 물통을 길게 늘어뜨리고 산불을 끄러 가는 헬기를 닮았다고나 할까. 조개를 중심에 두고 수놈이 터를 잡고 암컷을 기다리고 있다. 마음을 잡지 못하고 방황하는 암놈을 조개 쪽으로 가도록 보챈다. 부라린 눈에 몸을 부르르 떨기도 하고, 곤두박질을 치는 등 지그재그로 움직이면서 암놈을 산란장(조개)으로 이끌고 간다. 곡진한 애정이다. 눈치 빠른 암놈은 재빨리 산란관을 조개의 입출수관에 쑤셔 넣고 힘줘서 알을 쏟아낸다. 단번에 다 낳기 어려우니 여러 번 반복하여 알집을 모두 비운다. 옆에서 지켜본 수놈은 잽싸게 달려가 입수관 근방에다 정자를 뿌린다. 입수관으로 물과 함께 들어간 정자는 외투강이나 아가미에 있던 물고기 알과 죄다 수정한다. 아무리 본능적인 생식 행위라고 하지만 물고기들이 벌이는 '서커스'가 신기하기 그지없다.

이야기가 종점, 결론에 다가왔다. 난공불락(難攻不落), 이렇게 하여 어린 조개나 꼬마 물고기는 누구의 도움 없이도 떳떳이 용맹정진(勇猛精進), 새로운 영역을 개척하면서 꿋꿋이 살아간다. 어느 누가 감히 이들의 영역을 넘본단 말인가. 세월이 지나면 이들도 새끼를 쳐야 한다. 종족보존만큼 중요한 일은 없다. 어미가 다 된 납자루나 중고기는 연어가 모천을 찾아들듯 자기들이 태어난 안태본을 찾게 된다. 결국 모패를 찾는 것이지. 제가 태어났던 어미 조개에다 제 자식을 낳는다. 귀소본능이요 회귀본능인 것이다. 효자 중에는 악인이 없다고 하지!

그리고 알을 품은 석패과 조개는 저들의 어린 시절, 한 달 가까이 붙어살았던 어미의 비린 젖내를 잊지 못한다. 어미 물고기만 나타나면 알주머니를 풀어 새끼를 쏘아버린다. 물고기는 조개에, 조개는 물고기에 각인되어 이렇게 서로를 잊지 않고 찾는다. 아니 저절로 찾게 된다. 유전인자에 프로그래밍되어있는 것이다. 찬탄이 절로 나온다. 어찌 이런 일이 있담? 이렇게 상호 의지하지 않고는 못 사는 관계를 두고 인연(因緣)이라 하는 것이리라. 모든 사물은 다 인연에 의해서 생멸(生滅)한다. 너랑 나랑, 우리의 연분(緣分)을 가볍게 여기지 말 것이다. 원래 길이란 없었다. 사람이 가니까 길이 생긴다. 그러다 보니 길의 형상이 뚜렷해졌다. 희미한 길 하나 생기고 사람들도 그 길을 따라간다.

국화를 닮은 돌 암모나이트

암모나이트(ammonite)를 암몬조개 또는 앵무조개라고도 한다. 연체동물의 두족류에 속하는 화석(化石, fossil) 종이다. 둥그러미 꼴의 통 껍데기를 가진 점에서 '조개'라기보다는 '고둥'이란 말에 더 가깝다. 그러나 엄밀히 말하면 고둥도, 조개도 아닌 오징어나 문어에 가까운 놈이다. '껍데기 있는 문어'란 말이 가장 알맞을 듯하다. 이 동물은 고생대에서 시작하여 중생대의 백악기에 가장 번성했던 표준화석(標準化石, index fossil)이다. 그것들은 시대에 따라 껍데기 모양, 크기, 장식이 다 다르다. 여기서 '다르다'라는 것은 변했다는 뜻으로, 진화했다는 것을 의미한다. 어찌 변하지 않을 수 있는가. 변하지 않고 그대로 있는 것은 없으니 말이다. 70년도 안 된 짧디짧은 내 일생도 더없이 달라져왔다. 철딱서니없이 살아오다가 어느새 석양 앞에 다가서니 덧없는 것은 말할 것도 없다.

여하튼 수억 년간 변화를 거듭한 암모나이트는 언뜻 보기에 껍데기에 국화 모양의 주름이 가득 나있어서 '국석(菊石)'이라 부르기도 한다. 뒤에 나오지만, 이 국석은 집낙지 중에서 조개낙지속 [*Argonauta*]의 것들을 말한다. 한데 국석껍데기를 멋지게 조각하여 술잔으로도 쓴다고 하니 도자기도, 크리스털도 아닌 천연 술잔인 셈이다.

지질학을 전공하는 사람들을 보면 어쩐지 무섭다는 생각이 들 때가 있다. 무슨 말인고 하니 '지질연대(geochronology)'를 계산하는 단위가 초, 분, 달, 해도 아니고 '1백만 년'이란다. 1백만 년이 우리가 쓰는 1초에 해당한다는 말이다. 지구 역사도 그러한데 영겁에 가까운 우주 역사에 비하면 우리 일생은 얼마나 짧디짧은가. 45억 년이 넘는 지구 역사에 백 년도 안 된 내 인생은 비할 바가 되지 못한다. 정녕 진토(塵土)만도 못한 초라한 꼬락서니라니. 얼마 남지 않은 여생을 어떻게 살아야 하는가? 생각할수록 덧없고 부질없다는 생각만 드는 것은 혼자만의 신세타령은 아니겠지. 그러나 "아무리 삶이 덧없다고 하지만 새들은 집을 짓는다."라고 하지 않던가.

화석은 아니지만 그래도 세월의 흐름을 알아볼 수 있는 것에는 패총(貝塚, shell mounds), 즉 조개무지가 있다. 여기서 '무지'는 모여 있는 '무더기'를 의미한다. 아무튼 그것이 강가나 호반, 바닷가에서 원시인이 살았다는 증거가 되니 귀한 자료이다. 조개나 고둥을 잡기 쉬운 곳에 살면서, 잡아서 삶아 먹고는 집 어귀 한곳에 껍데기를 버렸으니 '조개무덤'이 만들어진 것이다. 주로 석기시대의 유적인데, 그 속에 토기나 석기 등의 유물이 같이 들어있어서 고고학에서 귀중한 자료가 된다. 우리나라에는 김해, 고성, 영월, 몽금포 등지에 더러 있다고 한다.

패총이 아닌 패묘(貝墓)에 대한 이야기를 잠깐 해보자. 패묘는 중국 한나라 때 분묘(墳墓)의 한 종류라고 하는데, 장방형(長方形, 긴사각형)으로 땅을 파고 거기에 조개껍데기를 깐 다음, 그 위에 목판(木板)으로 바닥과 벽, 천장을 만들고, 다시 그 주위에 조개껍데기를 그득 쌓고 흙으로 덮은 무덤을 말한다. 물론 바닷가 지방에서 유행했고, 요동반도에 많이 분포하고 있다. 조개껍데기는 탄산칼슘이라서 조개를 갈면 흰 가루가 되니 그게 석회가루와 비슷하다. 석회가루는 수분을 흡수하여 굳어지는 성질이 있다. 시멘트는 석회암(石灰巖, limestone)을 가루 낸 것이고, 석회암은 원생동물의 껍데기가 바다 밑바닥에 쌓이고 쌓여 만들어진 것임을 알고 있다. 아무튼 패묘는 바닥에 조개를 깔고 목판 밖에도 또 조가비로 둘러 쌌으니 시신을 오래 보관하는 데 좋다. 지금도 묘를 만드는 과정을 보면, 하관(下棺)한 다음에 관 둘레에 제일 먼저 석회가루를 부어넣고 다진다. 그리고 그 다음에 흙을 덮는다. 이거야말로 패묘와 아주 비슷하지 않은가. 석회는 굳어져서 나무뿌리가 관에 침투하는 것을 막아주고 수분을 흡수해 시신의 부패를 막아준다.

암모나이트로 돌아와서, 이것과 빼닮은 것이 지금도 살아있으니 '집낙지' 무리다. 암모나이트가 무려 3500여 종이나 되었으나 전멸했고, 집낙지 무리도 고생대에서 중생대까지 아주 번성하였으나 다 멸종되고 단지 두 속(屬, genus), 앵무조개속과 조개낙지속만 여태 생존하고 있으니, 세계적으로는 5~6종에 지나지 않는 희귀종이다. 은행나무를 생화석(生化石, living fossil)이라 한다면, 집낙지 무리 또한 바다에 나는 생화석인 셈이다. '살아있는 화석' 집낙지나 암몬조개들이 외국의 해변가 선물가게에는 진귀한 조개들과 더불어 진열장에 자리를 잡고 있다.

우리나라 제주 근방에서는 '조개낙지'와 '집낙지' 2종이 드물게나마 채집된다. 이것들은 모두 조개낙지속에 드는 것으로 열대, 아열대 지역에 주로 산다. 영어로는 페이퍼 노틸러스(paper nautilus)라고 부른다. 수놈은 암놈 몸집의 20분의 1 정도에 지나지 않으면서 껍데기가 없는 맨몸이다. 그래서 한때는 수놈을 암놈에 기생하는 기생충으로 여겼던 적이 있었다고 한다. 집낙지는 물론 두족류이다. 암컷은 돌돌 꼬이고 말린 껍데기 안에 몸이 다 들어있고 발에 해당하는 촉수를 드러내놓고 있다. 촉수에는 다른 두족류와는 달리 빨판이 없으며 대신 끈적끈적한 점액이 분비되어 달라붙는다. 큰 놈은 지름이 30~40센티미터에 달하며 아주 연해서 깨지기 쉽다. 암놈은 문어를 꼭 닮았다. 눈은 다른 두족류만큼 발달하지 못했으며 플랑크톤을 먹고산다.

두 번째는 앵무조개속이다. 이것은 제주도 근방에 살지 않는 무리로, 영어로는 펄리 노틸러스(pearly nautilus)라고 부르는 무리이다. 몸과 껍데기가 점점 자라나면서 몸통이 밖으로 밀려나, 몸은 언제나 제일 바깥 방(chamber)에 들어있게 된다. 성체가 되면 껍데기 지름이 25센티미터에 달하며, 방을 36개 갖는다. 그 방은 공기가 들어차기에 기실(氣室)이라 부른다. 두 쌍의 아가미를 갖기에 사새류(四鰓類)로 부르기도 하는데, 이것은 조개낙지속과는 달리 물고기 등을 먹는 육식을 한다. 수축력이 뛰어나고 빨판이 없는 94개의 작은 촉수를 지닌다. 주로 바다 밑바닥을 기어다니면서 그 촉수로 새우 등의 먹이를 잡아먹는데, 깊게는 바닷속 400미터까지 들어간다고 한다. 대기의 기압이 1이면 바닷속 400미터에선 무려 41기압(atmosphere)이 된다. 그런데도 껍데기가 부서져버리지 않는 것을 보면 아주 신기할 따름이다. 절멸(絶滅)한 암모나이트도 마찬가지이다. 그래서 살아있는 이것들도 고생물학(古生物學, palaeontology) 연구에 아주 귀중한 자료가 된다. 껍데기가 커지면서 방과 방 사이에 격막(隔膜, septum)이 생기고, 내장은 바깥으로 밀려나고, 더 성장하면 또 밀려나고를 반복하면서 자라나온다. 안쪽에 생긴 수많은 빈방에는 액체가 빠져나가고 공기가 차서 기실이 생긴다. 하여 몸이 가벼워져서 힘들이지 않고 떠다닐 수 있게 되었던 것이다. 그런데 중생대 백악기까지 그렇게 번성했던 암모나이트가 왜 갑자기 사라졌을까? 학자들은 백악기 후에 수온이 떨어져서 암모나이트가 모두 죽었다고 추측한다.

수학은 모든 학문의 기초

그런데 앵무조개의 단면 사진이 중고등학교 수학 교과서에 자주 등장한다. 36개의 방이 처음에는 매우 작다가 점점 커가는 규칙성이 피보나치수열(Fibonacci sequence)에 딱 들어맞는다. 피보나치수열은 1, 1, 2, 3, 5, 8, 13, 21…과 같이 앞의 두 수를 더하여 그 다음 항을 만들어가는 수열이다. 암몬조개에서 나선형의 길이를 순서대로 재보면 그렇다고 한다. 물론 꽃잎의 수도 이 수열에 맞아떨어진다. 여러분들이 꽃잎을 따서 꽃잎을 헤아려보면 3, 5, 8, 13, 21개 중의 하나일 것이다. 필자는 귀신이니까 훤히 다 안다. 잘 헤아려보시라.

그러면 <중앙일보>에 실린 「자연에서 배우는 상생」(홍익대 수학교육과 박경미 교수)이라는 글을 읽어보자. 수학과 생물학이 만나는 모습이 너무나 정겹고 예쁘다. 하긴 어느 학문이건 간에 연계되지 않는 것이 없으니 예사로 생각할 수가 있다. 그러나 아주 딱 맞아드는 것이 신기하기만 하다.

요즘 우리 사회의 화두는 '상생(相生)'이다. 그럴듯한 위치에 있는 사람들이 너도 나도 '상생'을 외치지만 원조 상생은 자연에서 찾을 수 있다.

해바라기의 가운데에는 씨앗이 촘촘하게 박혀있다. 그런데 이 씨앗의 배열을 자세히 관찰해보면 시계 방향과 반시계 방향의 나선을 발견할 수 있다. 해바라기의 나선수는 크기에 따라 다르지만 대개 21개와 34개, 혹은 34개와 55개이다. 이 나선의 수는 1, 1, 2, 3, 5, 8, 13, 21, 34, 55…와 같이 계속되는 피보나치수열에 등장한다. 12세기 이탈리아의 수학자 레오나르도 피보나치가 발견한 이 수열에서 1+1=2, 1+2=3, 2+3=5, 3+5=8, 5+8=13과 같이 앞의 두 수를 더하면 그 다음 수가 된다.

해바라기는 피보나치 수를 따라 씨를 배열할 때 좁은 공간에 많은 씨를 담을 수 있다. 결국 해바라기는 최적의 수학적 해법을 선택한 것이다.

그 외에도 피보나치수열이 적용되는 예를 여기저기서 찾아볼 수 있다. 꽃잎의 수는 치커리 21장, 데이지 34장과 같이 피보나치 수가 되는 경우가 대부분이다.

꽃잎은 꽃이 피기 전, 봉오리를 이루어 내부의 암술과 수술을 보호하는 역할을 하는데, 이리저리 겹치면서 효율적인 모양으로 암술과 수술을 감싸려면 피보나치 수만큼의 꽃잎이 있게 된다고 한다. 또 줄기에서 잎이 나와 배열되는 방식을 나타내는 '잎차례'도 피보나치수열과 관련된다. 식물이 a번 회전하면서 b개의 잎이 나올 때 잎차례는 a/b가 되는데, 대부분의 식물에서 잎차례를 계산해보면 분모와 분자에 피보나치 수가 들어있다. 이는 나무가 잎을 배열할 때 위의 잎에 가리지 않고 햇빛을 최대한 받을 수 있도록 엇갈리면서 잎을 배치하기 때문이다.

벌집의 단면은 정육각형이다. 정다각형 중 평면을 빈틈없이 메우는 것은 정삼각형 · 정사각형 · 정육각형, 이렇게 세 가지이다. 그 중에서도 정육각형들을 붙여놓으면 서로 많은 변이 맞닿아있어 구조가 안정적일 뿐 아니라 사용되는 재료에 비해 넓은 공간을 얻을 수 있어 경제적이다. 꿀벌이 정육각형 구조로 집을 짓는 이유는 최소 재료로 최대 공간을 확보하는 최적의 방안이기 때문이다. 눈송이나 고사리를 보면 전체 모양이 부분에 반복되어 나타난다. 부분이 전체를 닮는 '자기 유사성'을 가진 프랙탈(fractal)은 리아스식 해안선, 번개, 하늘에 피어오르는 구름 등에서 찾아볼 수 있다. 뿐만 아니라 인체에도 프랙탈이 들어있다. 허파꽈리는 좁은 공간에서 표면적을 최대로 해 산소 운반의 효율을 높이고자 하는데, 브로콜리 모양의 프랙탈은 이에 대한 해답을 제공한다. 또 상춧잎 끝의 우글쭈글한 모양을 관찰해보면 이 또한 주름진 모양 안에 동일한 모양의 주름이 들어있는 일종의 프랙탈임을 알 수 있다. 생명체는 안정된 구조를 이루기 위해 물리적으로 낮은 에너지의 상태를 선호하는데, 상춧잎은 프랙탈이 될 때 에너지 상태가 낮아져 구조적으로 안정된 탄성적 균형을 이룬다고 한다.

이처럼 최적의 것을 추구하는 자연의 본성은 피보나치수열이나 정육각형 구조와, 때로는 프랙탈과 맞닿아있다. 따지고 보면 인간 역시 최적의 것을 추구한다. 그러나 인간에게 있어 최적이란 사회

전체로서의 최대 이익보다는 개인이나 개인을 둘러싼 작은 집단의 이익을 최대로 하는 경우가 많다. 지독한 개인 이기주의·가족 이기주의·지역 이기주의·정당 이기주의 등이 팽배해있어 전체적인 조화와 총합으로서의 최선을 생각하는 경우는 드문 것 같다. 그렇지만 자연은 다르다. 예컨대 햇빛을 최대로 받기 위한 잎의 배열은 결코 특정 잎의 입장만이 아닌, 전체의 입장을 고려한 것이다. 인간이 자연에 배워야 할 것은 국소적이고 편협한 이익을 뒤로하고 총합으로서의 최적을 추구하는 '상생의 지혜'이다.

수학이 모든 학문의 기초요, 기본이 된다는 것에 동의케 하는 시의적절한 글이 아니겠는가? 수학은 철학이라는 것에도 고개를 끄덕거려야 할 것이다. 그러나 필자도 수학적인 머리, 골통을 갖지 못해서 공부에 애를 먹은 기억이 난다. 머리 탓을 하니 미안한 생각도 든다. 중학교에서 기초를 제대로 못 다져서 그랬다고 변명을 늘어놓고 넘어간다.

지구 역사를 보여주는 화석

여기에 또 다른 이야기를 하나 끼워보자. 왜 그러는지는 글을 읽어가면서 알게 될 것이다. 황해도 신천군 용진면 구월산(九月山)에 패엽사(貝葉寺)라는 절이 있다고 한다. 신라 중엽 법심선사(法深禪師)가 세웠다고도 하고, 당나라 스님 패엽대사(貝葉大師)가 지었다고도 한다. 그러면 여기서 '패엽'이란 무슨 뜻일까? 조개 이파리?

불교와 관계가 있다. 패엽은 '패다라엽(貝多羅葉)'의 준말이다. '패다라'는 범어 파트라(pattra)의 역어(譯語)로 '잎'이란 뜻이다. 패다라엽은 옛날 인도에서 바늘로 경문(經文)을 새겨둔 다라수(多羅樹)의 잎을 말한다고 하는데, 종려나무의 이파리와 비슷하여 두껍고 단단하다. 아무튼 필자는 '조개 패(貝)' 자만 나오면 물불 가리지 않고 알아보고 싶다. 직업은 못 속인다는데 하물며 전공이야 더할 나위 있을까. 이제 '패엽'이란 말이 그렇게 멀리 느껴지지 않아서 좋다.

식물 이름에도 패모(貝母), 중국패모, 조개풀, 조개나물, 주름조개풀 등이 있다. 그러나 그 어원이 애매모호해서 해석이 힘들다. 조개풀의 경우는 이파리를 접으면 그 모양이 조개를 닮았기 때문이라고 이름의 의미를 알 듯도 하다. 동물명에도 조개삿갓, 조개새우, 조개치레 등이 있는데 모양이 모두 조개를 닮았다. 특히 조개치레는 게의 일종으로 등딱지가 사람 얼굴 비슷하고, 조개껍데기를 등에 업고 진흙으로 숨는 습성이 있다. '치레'란 말은 '잘 매만져서 모양을 내는 것'을 말하는 것이니, 조개로 치레했다 하여 '조개치레'라 명명하였겠다! 언제나 말하지만 동식물의 분류를 전공하는 선배들은 뛰어난 우리말 솜씨에다 문학성도 빼어났다. 예쁜 우리말을 골라 쓰시느라 애쓴 것이 너무 고맙고 존경스럽다.

암모나이트 이야기가 청설모를 닮아 이 나무에서 저 나무로 막 뛰어다녔다. 아무튼 암모나이트는 화석으로 발견된다. 화석이란 지질시대에 살던 동식물의 유체(遺體) 및 그 유적이 남아있는 것을 말하는데, 라틴어의 포데레(fodere), 즉 '땅을 판다'에서 온 말이라고 한다. 화석이란 꼭 돌처럼 딱딱하다는 뜻은 아니지만 보통 오래 보존되려면 자연히 굳어져야 한다. 식물의 잎이나 동물의 피부, 근육 등의 연한 것도 화석으로 남는다. 그러니 조개나 고둥의 화석이 잘 보존되는 것은 말할 필요가 없다. 그래서 고생물학의 연구에 연체동물의 두족류인 암모나이트, 복족류인 고둥 무리, 이매패인 조개 무리는 최고의 화석으로 대접을 받는다.

일반적으로 화석으로 남기 위해서는, 많은 고생물 개체가 널리 분포해있었어야 하고, 부패해 없어지기 전에 퇴적물에 매몰되어야 하며, 지각운동의 결과 열이나 압력을 받아도 분해되거나 용해되지 않게 조직이 단단해야 한다. 화석의 발견 역사를 보더라도, 패류화석이 얼마나 중요한 몫을 했는지 알 수 있다. 리디아 왕국 사르디스의 철학자 크산투스(기원전 500년경)는 내륙에서 조개화석이 출토된 것을 주목하여, 이 지방은 원래 해저(海底)였다가 육지로 바뀌었다고 설명했다. 또 12세기 중국의 주자(朱子)는 산의 진흙에서 발견한 조개껍데기 화석을 보고 조개는 바다에서 서식하는 것이니 "이 진흙은 옛날엔 바다에 묻혀있었던 것으로, 낮은 땅이 높아지고(융기) 부드러운 것이 굳은 돌로 바뀐 것"이라고 설명할 정도이다. 아무튼 단세포인 원생동물은 물론이고 그보다 못한 세균류도 화석으로 남고, 포유류인 매머드까지 유체로 남아서 지구 역사를 밝혀내는 데 한몫을 한다.

화석을 다른 관점에서 두 가지로 나눈다. 즉, 시상화석(示相化石,

facies fossil)과 표준화석이다. 전자는 과거의 환경을 구체적으로 아는 데 도움이 되는 화석으로, 그 생물이 살았을 적의 환경조건을 유추할 수가 있다. 예를 들어 산호화석이 채집된 곳이 있다고 치자. 산호는 조류와 공생하는 동물이다. 그러므로 산호가 채집된 곳은 평균 수온이 17도 이상이고 태양광선이 도달하는 얕은 바닷가였다는 사실을 알 수 있다. 지금도 차갑고 깊은 물에는 산호가 살지 못한다.

표준화석은 시준화석(示準化石)이라고도 하는데, 표준이 되는 화석 종을 표준 종(index species)이라고 한다. 표준 종들이 출현한 지층을 서로 대비하여 지질연대를 결정하는 데 쓰는 화석이다. 예를 들어서 삼엽충(三葉蟲, trilobites)이 출현한 지층은 고생대 것이고, 앵무조개가 나타난 곳은 중생대 지층이라는 것을 알 수 있다. 강원도 삼척의 석회암에서 삼엽충이 많이 채집되는 것은 뭘 말하는 것이겠는가.

이 몸도 죽어서 한 조각의 화석으로 남을 수 있다면 시상, 시준을 가리지 않겠다. 오직 단단한 돌로만 바뀔 수 있다면 좋겠다.

진화에 관한 짧은 이야기

화석은 생물의 진화를 설명할 수 있는 귀중한 재료이다. 다음 글로 어렴풋이나마 '진화'의 개념을 이해했으면 한다. '종(種)은 변한다'라는 확신을 다윈(Darwin)에게 심어준 갈라파고스 제도로 가보자. "갈라파고스 제도의 동식물은 원래 남미대륙의 것과 같은 조상이었으나 다른 환경에 적응하여 변한 것이다."라거나 "살아있는 생물은 결코 하느님이 만든 것이 아니라는 것은 불변의 진리다." 라고 갈파한 다윈. 1831년 영국의 데본포트(Devonport)를 떠나는 비글(Beagle)호에는 23살의 다윈이 타고 있었다. 비글호는 길이가 27미터인 작은 돛단배였다. 5년간이나 작은 배를 타고 항해하면서 탐사, 채집하는 데는 갖은 고생이 따랐을 것이다

다윈은 의사가 되라는 부모의 권고를 무릅쓰고 케임브리지대학에서 목사가 되기 위해 공부하고, 우수한 성적으로 졸업한다. 다윈은 하느님이 만든 모든 것은 '변하지 않는다'라는 불변의 종교사상과 다르게 '종은 변한다', 즉 변하지 않는 것은 없다는 생각에 젖어있었다. 이것은 불교사상의 하나인 '제행무상(諸行無常)'과 일치한다.

아리스토텔레스가 이미 종의 변화와 자연선택 개념의 씨앗을 뿌려놨으나, 기독교의 융성으로 진화라는 말을 입에 올리는 사람은 죄다 반역자, 이단자로 취급받아 싹이 전연 자라지 못했다. 그러다가 아리스토텔레스 이후 2천여 년이 지난 후에야 라마르크(Lamarck)가 모든 생물은 자기가 처해있는 환경에 적응하려 애쓰고 그 결과 얻은(변한) 형질, 즉 획득형질이 다음 대에 전해진다는 '용불용설(用不用設)'을 주장하기에 이르렀다. 여기에서도 '적응하여 변한다'라는 개념이 들어있다. 다윈사상에 영향을 미친 것은 라마르크뿐만이 아니다. 지질학자 라이엘(Lyell)은 화석 연구에서 얻은 결론을 가지고, 기원전 4004년을 생명의 창조 시간으로 잡았던

대주교 어셔(Ussher)의 이론에 도전하고 나선다. 생명의 탄생 나이는 수천 년이 아니라 수백만 년 전이라고 주장하기에 이른 것이다. 다윈이 이런 이야기에 귀가 솔깃했던 것은 물론이다. 인구론을 주창한 맬서스(Malthus)에게도 다윈은 지대한 영향을 받는다. 맬서스는 "동식물뿐만 아니라 사람도 환경이 허락하는 능력 이상으로 후손의 수를 늘리는 경향이 있다."라고 썼는데 소위 말하는, 먹이는 산수급수로 늘고 인구는 기하급수로 늘어간다는 이론이다. 결국 생물들의 과잉생산으로 '생존경쟁'이 일어난다는 이론을 믿게 된다. 이외에도 다윈의 사상에 영향을 준 논문이 많이 있었다. 무엇보다 다윈이 그 시대에 하느님께서 만든 것은 어느 것도 바뀌지 않는 것이라는 종교(창조설)에 도전하는 진화설을 믿었다는 것은 보통 사람은 엄두도 못 내는 혁명적 사고라는 것을 알고 이 글을 읽으면 좋겠다.

비글호는 4년이라는 긴긴 탐사 후인 1835년 12월 중순경에 화산섬인 갈라파고스 제도에 도착하여 5주간 머문다. 다윈은 이곳의 여러 생물들을 보고 생물은 틀림없이 진화한다는 확신을 얻는다. 그곳에서 관찰한 덩치 큰 거북, 이구아나, 핀치새(finch bird) 등은 신념을 굳히는 데 결정적인 계기가 되었다. 이미 방문하여 관찰했던 남미의 동식물과 갈라파고스의 것은 겉으로 아주 달라 보였다. 그러나 "갈라파고스 제도의 동식물은 원래 남미대륙의 것과 같은 조상이었으나 섬이라는 특수 환경에 적응하여 변화된 것이다."라고 믿게 된다. 즉 '적응과 변화'가 다윈의 '자연선택설'의 근간이 된다. 적응과 변화란 말은 결코 기독교적인 말이 될 수가 없다.

　먼저 말할 것은 '갈라파고스'란 이름은 스페인어로 '땅에 사는 큰 거북(giant land tortoise)'이라는 뜻이라고 한다. 아무튼 1968년에 에콰도르 정부는 이 제도를 국립공원으로 지정하였고, 여기엔 '다윈 생물연구소'까지 들어서 있다. 물론 관광객을 받아들이기는 하지만 철저하게 동식물을 보호하고 있어서 종 보존에는 큰 문제가 없다고 한다. 17세기에 해적들의 소굴일 때와 19세기에 고래나 물개 잡는 기지로 쓰였던 것을 생각하면 지금의 갈라파고스는 융숭한 대접을 받고 있다 하겠다. 300여 년간 주인 없는 땅으로 내팽개쳐진 섬이 아닌가. 대부분의 섬은 사람의 손이 전연 닿지 않으나, 큰 섬에는 낚시하는 관광객이 들어오고, 에콰도르 농부들이 커피나 목축을 하느라 상주한다고 한다.

　갈라파고스는 에콰도르에서 1천 킬로미터 떨어져있는 19개의 작은 섬이며 적도 위에 있다. 가장 큰 섬인 이사벨라(Isabela)가 전체 섬의 거의 반을 차지한다. 갈라파고스 제도에는 고등식물만 700여 종이 살고, 그중의 40퍼센트가 거기에만 살고 있는 고유종이라고 한다. 흔히 특산종이라고도 하는 고유종이 아주 많은 편인데 동물은 양서류가 아주 드물고, 파충류가 3~4종, 포유류는 7종의 설치류와 2종의 박쥐가 산다. 그런가 하면 새는 꽤 많아서 80여종이 서식한다. 그중에서 핀치새(Darwin's bird라고도 한다)가 유명한데 이 새가 다윈의 믿음과 주장에 크게 영향을 미쳤다. 섬에서는 몰랐으나 귀국 후 채집해온 핀치를 실험대 위에 쭉 늘어놓고 보니 이 새들이 조금씩 다르다는 것을 발견했다. 특히 부리의 모양과 크기에 따라 분류를 해봤더니 13종으로 나뉘었다. 이 새는 원래 한 종이었으나 서식하는 환경과 먹잇감에 따라 부리가 변하면서 종이 분화한 것임을 확신하게 된다. 긴 세월 동안 그렇게 바뀌어서 그 13종의 새는 서로 교배(interbreeding)가 일어나지 않는 새로운 종으로 진화한 것이다.

진화란 다름 아닌 바뀜이다. 바뀜, 변화, 진화는 한통속이다. 귀국 후 20여 년간의 긴긴 준비 끝에, 1859년에 『종의 기원(On the Origin of Species)』이란 책을 내놓았다. 이 책의 출간은 인류의 사상혁명을 가져온 역사적인 사건이 아닐 수 없다. 인간의 모든 사고방식과 지적 영역에 변화를 가져온 책은 이렇게 만들어진 것이다.

"생물은 모두 변이가 나타나 다음 대로 전해짐 → 생존 가능한 개체보다 더 많은 후손을 남김 → 이 때문에 치열한 생존경쟁이 일어남 → 적자생존하는 자연선택이 일어나서 강한 변이종만 살아남음 → 환경 변화에 잘 적응한 신종이 생김." 이것이 바로 다윈의 진화설을 요약한 것이다. 신종 생성이 곧 진화인 것이다. 진화는 혁명에서(Evolution is Revolution)! 혁명이 없는 진화는 있을 수 없다! 한마디로, 바꾸자는 말이다.

끝으로 '환경 변화에 잘 적응한 생물'이 살아남는 현상을 우리는 '적자생존'이라 한다. 적자생존이란 말은 우리 인간에게도 해당된다. 다음의 글은 우리에게 던져주는 '생존 비법'일 것이다. 어딘가에서 읽은 '성공한 사람의 7가지 특성'을 옮겨 적어본다.

1. 변화에 대단히 적극적이다. (진부한 현재를 믿고 언제나 변할 수 있고, 변화할 수 있다면 자다가도 벌떡 일어난다.)

2. 새로운 아이디어에 언제나 열정적이다. (아이디어를 찾는 자는 배우기를 쉬지 않는다.)

3. 언제나 능동적이다. (입사 6개월 후까지도 시키는 일만 한다면 성공이란 단어는 접어야 한다.)

4. 정직하다. (거짓이나 술수는 시간문제, 언젠가는 들통 난다. 성공하려면 정직하라.)

5. 의사 표현이 정확하다. (자신의 의지, 경험 등을 손짓, 발짓을 총동원하여 정확히 전달하여야 한다.)

6. 작은 한 가지라도 매듭을 잘 짓는다. (여기저기 흩어만 놓았지 주워 담지 못하는 이를 많이 본다. 구슬이 서 말이라도 꿰어야 보배다.)

7. 사람을 사랑한다. (진정한 성공인은 사람을 사랑한다. 아무리 큰돈을 벌고 큰일을 해도 자기밖에 모르는 이는 결국 외톨이가 되고 만다.)

이 중에서 무엇보다 변화에 대해 적극적이어야 한다고 강조하는 점이 마음에 든다. 낯선 것을 두려워하지 말아야 한다. 새로운 것을 좋아하고(neophilia), 새것에 미쳐보는 것도 좋다. 암모나이트가 바꿈을 계속한 것은 주변의 환경 변화에 재빨리 적응한 결과가 아니던가. 적응으로 말미암아 생존이 가능했던 것이었고. 한데 바꿈, 바뀜에는 남자보다 여자가 훨씬 재빠르다. 앞서간다는 게지. 남자들이여! 오매불망(寤寐不忘)할지어다! 그 간격을 메우지 못하는 부부는 이 빠진 사발 꼴로 살게 된다. 그래서 결혼한 남자치고 가랑이가 째지지 않는 사람이 없다. 셰익스피어의 「햄릿」에서는 "약한 자여, 그대 이름은 여자로다(Frailty, thy name is woman)!"라고 부르짖고 있지만 지금은 결코 아니다. 이것도 변화와 진화의 탓이다. 어서어서 현실에 적응해야 할 터. 약하고 불쌍한 자여, 그대 이름은 남자로다!

목석(木石)을 파고드는 석공(石工) 조개들

해가 뉘엿뉘엿 지고 어둠이 드리운 으슥한 저녁녘에, 너울거리는 바다를 보고 있노라면 더없이 외롭고 쓸쓸하게 느껴진다. 며칠째 채집에 찌든 때면 더더욱 집 생각에 빠지지 않을 수 없다. 서양 사람들은 향수병을 '홈시크니스 homesickness'라 했지. 집이 그리워서 심신이 아프다. 섬 자락에 까막까치 떼가 집을 찾아 날아가는 모습에서도 내가 집도 절도 없는 객인(客人)임을 절감하게 된다. 문득, 파도에 몸을 맡기고 힘없이 흔들거리는 작은 배 한 척이 눈으로 빨려든다. 저무는 석양과 날아오르는 갈매기 날갯짓에 조화를 이루는 주인 잃은 낡아빠진 조각배! 저 낡

아빠진 배도 한때는 이 섬에서 일등 가는 배로 이름을 날렸겠지. 누가 뭐라 해도 사진쟁이나 그림꾼들이 딱 좋아할 아름다운 석양이다. 그 꼬마 배 또한 이 길손의 눈에는 남다르게 다가온다.

지독한 놈들이다. 나무는 물론이고 돌까지 뚫고 들어가는 조개 놈들이 저 바다에 떠있는 배의 바닥에 들붙어, 아니 숫제 파고들어 살고 있으니 말이다. 하긴 정도의 차이가 있을 뿐, 어디 굳세고 질기지 않은 생물이 있을라고. 생명력이 약한 것은 이미 다 도태되어 사라졌다. 떠밀려 나가는 신세가 되기 싫거들랑 어서 빨리 바꾸라고 했다.

터벅터벅 걸어 부둣가로 발길을 옮긴다. 선창가, 방파제도 마찬가지이다. 옛날엔 통나무로 박고 세웠으나 요샌 전부 시멘트 덩어리로 칠갑을 해놨다. 바로 옆에는 아까 그 나무배가 철썩철썩 파도에 출렁출렁 춤추고 있다. 떠있는 나무나 목선(木船) 바닥도 그냥 두지 않는다. 고둥들이 달라붙는 것은 물론이고 꼬마 조개가 나무속을 파고드니 말이다. 이런 사실을 알고 보면 바닷가 조각배 한 척도 색다르게 보인다. 생물이 살지 않는 곳이 없다. 물과 흙은 물론이고 공중까지도 서식지로 사용하는 것이 생물이다. 조개도 바닷속으로 가라앉은 나무나 바위, 돌을 삶터로 삼아 억척스럽게 살아간다.

먼저 나무로 파고들어 가는 놈들을 만나보자. 그 지독하다고 한 동물이 바로 '배좀벌레조개'와 '나무속살이조개' 무리이다. 영어로는 십웜(shipworm) 또는 파일웜(pileworm)이라 하는 조개(이매패)

종류다. 이것들은 나무로 파고들어 가 그 안에서 산다. 어디 살 데가 없어서 짠물에 담겨있는 나무토막, 배 바닥을 파고들어 가 산단 말인가. 목선을 가끔 뭍으로 끌어올려서 페인트를 칠하거나 바닥을 그을리는 것은 따개비(절지동물의 갑각류)나 담치류말고도 바로 이 조개들의 파고듦을 막자는 것이다.

이들 조개는 모두 다 해산이다. 세계적으로 65종이 넘으며, 우리나라에도 '배좀벌레조개[*Teredo navalis*]' 등 4종이 살고 있다고 알려졌다. 한마디로 이것들은 해저에 있는 나무란 나무는 모두 파먹어 버리는 해충들이다. 이것들은 부두나 선창의 푯말이나 말뚝, 받침대를 부러지고 넘어지게 한다. 그래서 세계적으로 매년 수백만 달러씩 손해를 입힌다는 통계자료도 있다. 이 조개는 앞쪽의 몸 일부만 딱딱한 조개껍데기로 둘러싸여 있고 나머지 부위는 관 모양이다. 그리고 껍데기에 있는 돌기가 1분에 8~12번 간격으로 나무를 갉아낸다. 그리고 파낸 자리, 즉 굴에는 하얗고 얇은 석회성분을 분비하여 30센티미터가 넘는 석회관을 만들어 거기에 몸을 뒤척여 집어넣는다. 한마디로 긴 벌레 끝에 조개가 붙어있는 그런 형태를 한다. 바닷가에 버려진 폐선(廢船)을 잘 관찰하면 바로 여기에서 설명한 사실을 그대로 확인할 수가 있다. 나무의 결을 따라 수많은 백색 석회관이 줄줄이 뻗어있으니 그 나무는 힘을 잃고 약해져서 부스러지고 만다.

나무에 터널을 뚫어나가면서 뒤로는 똥그란 석회굴이 만들어진다는 글을 읽으면서 어떤 생각이 떠오르지 않는가. 1818년의 일이다. 프랑스 해군 군무원인 브루넬(Brunel)이 '배좀벌레'가 나무에 굴을 파는 것을 관찰하게 된다. 껍데기가 나무토막을 파고들어 가면서 톱밥을 맞비벼 뒤로 밀어내는 것을 본 것이다. 이때만 해도 아직 땅굴을 뚫는 기계가 없었을 때였다. 땅굴 파는 기술을 이 작은 생물, 배좀벌레가 가르쳐주었던 것이다. 브루넬은 배좀벌레를 흉내내 큰 철판을 만들어 그것을 앞으로 밀고 들어가게 장치를 하고, 그 앞(안)에 사람이 들어가 흙을 파내서 뒤로 끌어내는 기계를 발명했다. 배좀벌레라는 작은 조개의 행태를 꼼꼼히 관찰하여 굴착기를 만들어낸 브루넬의 집념을 알아줘야 한다. 브루넬이 만든 굴착기로 런던의 템스 강 아래에, 세계 최초로(1825년에 시작하여 1842년에 끝냈다) 굴을 뚫었다. 과학문명은 자연을 모방한 것이라는 말이 맞다. 그 작은 생물의 행동을 예사로 보지 않았기에 가능했던 것이 아니겠는가. 매사를 예사로 보지 말 것이다.

그런데 다른 무리인 '나무속살이조개[*Xylophaga rikuzenica*]'는 긴 관을 만들지 않고 둥근 삼각형 모양으로 나무속에 폭 파묻혀 있다. 파도에 쓸려나온 나무를 잘 보면 새하얀 것이 점점이 박혀 있다. 녀석들은 나무를 파내고 속에 집을 지어 들어앉기도 하지만 그 나무를 먹잇감으로 하기도 한다. 나무만 보면 사족을 못 쓰는 조개들이다.

지금까지 한 이야기는 다음 것에 비하면 새 발의 피라, 상대가 되지 않는다. 아마도 보통 사람들은 상상도 못할 일이다. 바다에도 석공(石工)들이 있더라. 석공도 좋고 석수(石手)라 해도 좋다. 그것은 바로 껍데기를 두 장 가지고 있는 조개이다. 아니 어떻게 코딱지만 한 조개가 바위를 파고든단 말인가. 바위에 작은 틈만 나면 어느새 그 틈새에 '담치'나 '돌조개[*Arca avellana*]' 들이 족사를 내어 딱 달라붙어 버린다. 빈자리로 남아있을 틈이 없는 것이 비단 여기뿐일라고. 이것들은 바위 틈새가 아닌 돌의 본체, 성성한 돌을 쑤셔 파고들어 가는데 크기가 1센티미터가 못 되는 것이 있는가 하면 2센티미터가 넘는 조개도 있다. '돌속살이조개[*Petricola lapcida*]'와 '돌맛조개[*Barnea manilensis inortata*]'로 영어로는 피덕 (piddock)이라 부른다. 이런 것들이 10종 넘게 우리나라에 서식한다.

이것들은 주로 조간대(潮間帶, 바닷물이 들어왔다 나갔다 하는 곳)에 살지만 어떤 종은 75미터 깊은 곳에서도 산다. 산호·소라·굴·가리비 등의 두꺼운 조개껍데기에 사는 것도 있고, 시멘트·석회암·사암(砂巖, sandstone)·이암(泥巖)·딱딱한 진흙(hard clay)을 파고들어 가 사는 것도 있다. 이것들은 나무속살이조개보다 더 센 무기를 갖는데 두 껍데기의 끝 부위에 드릴(drill), 즉 끌이 붙어있는 것이다. 이것을 돌에 대고 아등바등 문질러 천공(穿孔, 구멍을 뚫는다)하니 얼마나 예리한 조각칼인지 모른다. 종에 따라서는 끝에 단단한 판때기가 붙어있는 수관(水管)을 써서 구멍을 내기도 한다. 우리나라의 것들은 주로 석회암과 이암에 많이 산다. 돌에 조개가 얼마나 많이 박혀있는지 그 모양이 곰보를 닮은 것도 있다. 그뿐만 아니라 바위 전체가 조개 구멍으로 뻐끔뻐끔한 것도 얼마든지 볼 수 있다. 조개껍데기가 돌보다 세고 바위보다 강하다!

돌을 파고드는 조개에는 담치과에 몇 종이 더 있다. 애기돌맛조개[*Lithophaga curta*]와 돌살이담치[*Adula schmidti*] 등이다. 이 조개들은 외투막에 산을 분비하는 특수한 샘(腺, gland)이 있어 석회암을 녹이고 들어앉아 족사로 단단히 달라붙는다. 담치들은 하나같이 족사를 낸다.

연하고 힘없는 조개들이 나무를 파먹고 바위를 뚫어 거기에 집을 짓고 사는 모습은 생물들의 생존력이 얼마나 강한가를 되씹어보게 한다. 인간들이 석굴을 파고 들어앉거나 미륵불을 조각하는 것을 보고 이 조개들이 흉내낸 것일까. 그 굴에는 사람들이 드나들 수나 있지만, 바위 안에 집을 튼 이것들은 한번 들어가면 빠져나오지 못한다. 죽을 때까지 거기에, 아니 죽어서도 그 속에 머물 수밖에 없다. 왜 그럴 수밖에 없는지 어디 한번 보자.

조개는 아주 어릴 때 작은 바위틈에 달라붙어서 굴을 파고 그 안에 몸을 의지하고 자란다. 그리고 끊임없이 굴을 파내면서 점점 안으로 들어가 자리를 잡는다. 몸집이 커가는 만큼 바위를 더 파낸다. 결국 입구는 아주 작지만 안에는 커다란 방이 생겨 완전히 바위에 둘러싸여 갇히고 마는 것이다. 그래서 채집할 때 표품(標品, specimen)을 얻기 위해서는 돌 일부를 깨야 들어낼 수가 있다. 무슨 놈의 운명, 아니 숙명이 저 먼 바닷가 암혈(巖穴) 속에서 푹 박혀 평생을 보낼 수밖에 없단 말인가. 저 깊은 산중의 작은 암자, 토굴 속에서 벽만 응시하며 처절하게 자기를 찾는 수도승에나 비유할까. 하기야 집과 학교라는 쳇바퀴를 돌며 사는 내 모양도 돌

속살이조개와 뭐가 다르겠는가. '갇힘'이란 점에서 말이다.

저 바위굴에 사는 조개들은 뭘 먹고살까? 돌을 먹진 않을 테고. 나무를 파는 놈들은 일부 나무 섬유를 먹이로 쓴다고 하지만 모든 이매패는 플랑크톤이나 유기물 같은 먹이를 아가미로 걸러 먹는다. 걸러서 먹는 섭식법을 여과섭식(filter-feeding)이라 한다. 그러니 오롯이 돌 안에서 아가미로 물을 빨아들여 그 속의 먹이를 걸러 모아서 먹으면 끝이다. 햇살에 노출되는 썰물 때는 바싹 오그려 입 닫고 있다가, 밀물이 들어오면 좋아라 두 껍데기를 열어젖히고 생기를 되찾는다. 돌 속에서 평생을 살아가는 조개, 이름하여 돌속살이조개! 앉은뱅이는 천릿길을 생각한다는데 당신들도 저 먼 바다를 꿈꾸는가? 돌과 바위에 무슨 한이 맺혔기에 대대손손 거기에 들러붙어 묵새기며 살아가는가. 출렁거리는 바닷물에 씻겨나가는 것도 서러운 돌과 바위들인데. 어쨌거나 조개와 나무, 바위와 조개의 만남이 예사롭진 않다.

애욕(愛慾)의 습지(濕地)에 번뇌(煩惱)의 잡초(雜草)가 번성하다던가. 낫살깨나 먹은 이 내 몸은 어쩌란 말인가. 너절하게 살아선 안 되지, 안 되고 말고. 곧 죽어도 너저분하게 살지 말 것이다!

성전환을
밥 먹듯 하는 굴

"언청이 굴회 마시듯 한다."라는 말이 있
다. 째보 입술 사이로 생굴이 빠져나갈까 단숨에
"후루룩-!" 마신다는 뜻으로, 어떤 일을 순식간
에 해치운다는 의미이다. 그리고 "가을비가 잦으
면 굴이 여물다."란 말도 있다. 굴은 바닷가에 살
기에 민물의 영향을 많이 받는데, 비가 자주 오면
유기물이 바다로 많이 흘러들어 굴이 먹을 게 많
아져서 하는 말이 아닌가 싶다. 아무튼 굴을 흔히
굴조개, 석화(石花), 모려(牡蠣), 석굴 등으로 부른
다. 별명이 많다는 것은 유명하기 때문이다. 굴의
이름 중에서 무척 생소하게 들리는 것이 아마도
'석화'와 '모려'라는 말일 것이다. 자주 듣지 못해

서툰 말, 석화와 모려!

우선 석화를 보자. '돌 석(石)' 자에 '꽃 화(花)' 자라! 직역하면 '돌꽃'이 된다. 돌꽃이란 무엇인가. 바닷가 돌과 바위에 무슨 놈의 꽃이 핀단 말인가. 굴은 바위나 큰 돌에 주로 달라붙는다. 굴은 이매패인데 '이매'는 두 장, '패'는 조개, 즉 껍데기가 두 장인 조개란 뜻이다. 아무튼 두 장의 껍데기 중 하나는 돌에 붙는다. 그럼 다른 물체에 붙는 패각은 왼쪽, 오른쪽 어느 것일까? 별것을 다 따진다고? 따질 것은 따져야 한다. 자연의 모든 것에 질서, 순서가 매겨져 있듯이 조개껍데기에도 전후, 좌우, 상하가 있기에 말이다.

짝이 맞는 조개 하나를 준비하자. 태각(胎殼, 껍데기의 정수리 부위)을 위로 가게 하고, 인대가 붙은 쪽(뒤쪽)을 뒤(몸에서 멀리)로 놓고 봤을 때 왼쪽에 놓인 것이 좌각(左殼), 오른쪽에 있는 것이 우각(右殼)이다. 돌이나 바위에는 좌각이 붙는다. 좌각을 바닥에 고정하고 우각이 그 위를 덮고 열었다 닫았다 한다. 다시 말하지만 조간대에서 사는 굴은 썰물이 나면 껍데기를 닫고, 밀물이 들면 껍데기를 스르르 열어서 물을 빨아들인다. 굴은 온도 차이가 심해도 살고, 건조에도 잘 견딘다.

"밤새 물가에 기어나와 스르르 돌아다니던 조개들. 자욱이 내려앉은 흰 새 떼에 살을 앗기고 빈껍데기만 남았다." 그러나 물새만 조개를 잡는 것이 아니었다. 이제 사람들이 그 굴을 딸 차례이다. 남·서해안은 간만(干滿)의 차가 심해서 썰물 때는 저 멀리 눈이 미치지 않는 곳까지 바닥이 드러난다. 그래서 물 따라 저 멀리까지 가서 백합조개[*Mereterix lusoria*], 동죽, 맛조개를 캐는 사람이 있는가 하면, 가까운 집 앞에서 반지락을 긁는 사람, 동네 어귀 바위에서 굴을 따는 아낙네도 있다. 모두가 하나같이 핏기 잃은 얼굴은 햇살에 타서 구릿빛 그대로이다. 세찬 바닷바람에 살결 또한 고울 리가 만무하다. 농촌이나 어촌에 사는 사람들은 다 몸으로 먹고사는 사람들인지라 육신이 성할 리도 없다. 그래서 태생이 촌놈인 나는 자연히 그들에게 관심이 가고 넉살 좋게 이런저런 고된 삶의 이야기를 듣는다. 글만 읽느라 세상 물정 모르는 백면서생(白面書生)인 나는 이렇게 숨은 이야기가 더없이 재미가 난다.

그분들은 손놀림을 멈추지 않는다. 자동 기계가 따로 없다. 조그마한 쇠갈고리로 두 껍데기가 맞닿아있는 인대 자리를 "탁—!" 친다. 그리고 위 껍데기(우각)를 들어내고 그 안에 붙어있던 굴을 쿡 찍어서 끄집어내 그릇에 담기를 기계같이 반복한다는 말이다. 잰 손놀림에 눈이 휘둥그레질 지경이다. 건성으로 하는 듯하지만 정확하기 짝이 없으니, 단련된 반사행위이다.

그렇다면 '톡 치는' 자리가 어디며 왜 거길 때린단 말인가. 그곳이 굴조개의 앞쪽이며 거기에 껍데기를 여는 인대가 있다. 인대를 때려서 다치게 한 다음 우각을 열어 희뿌얀 속살을 들어내는 것이다. 껍데기를 닫게 하는 폐각근은 껍데기 중앙에 있다. 그래서 굴 껍데기를 유심히 들여다보면 중앙에 폐각근이 붙었던 흔적이 동그스름하게 보인다. 굴의 종류에 따라서 길쭉한 것, 둥근 것 등 여러 형태이다. 이렇게 돌이나 너럭바위에 붙어있는 자그마한 굴을

'어리굴'이라고 한다. 그것으로 담은 젓이 그 맛나는 '어리굴젓'이다. 굴젓만 생각하면 조건반사로 쏟아지는 침이 목구멍을 꽉 채운다! 어리굴은 어느 것이나 씨알이 잘다. 여기서 '어리'란 말은 작고 어리다는 뜻으로, '어리연', '어리박각시' 등의 이름에도 쓰였다.

서해안에서는 생선젓갈을 많이 만들어낸다. 바닷가에 가보면 커다란 통에다 까나리 등 물고기를 소금에 절여 몇 달을 담아둔다. 남해안에서는 생멸치를 같은 방법으로 오랫동안 발효시켜 멸치젓을 만들고, 발효된 물고기 즙을 여과시켜 말간 액즙을 병에 넣어 팔지 않는가. 젓갈은 단백질이 풍부해 요리할 때나 김치 담그는 데 필수이다. 생선 액즙은 우리뿐만 아니라 태국, 필리핀 등 동남아 여러 나라에서 유명하다. 그런가 하면 중국 광둥성〔廣東省〕에는 굴소스(oyster sauce)가 들어가지 않는 음식이 없다고 한다. 우리말로 바꾸면 '굴 액즙'으로 생선 젓갈을 만들듯 발효시켜 얻는다. 이 밖에도 굴로 만드는 요리는 굴국, 굴깍두기, 굴김치, 굴밥, 굴장아찌, 굴저냐 등등 한둘이 아니다. 오뉴월 화롯불도 쬐다 물러나면 섭섭하다고 한다. 굴을 먹어본 지가 하도 오래돼서 해본 말이다.

양식 굴 이야기를 조금만 더 하자. 조개 무리 중에서 굴의 소비가 1등이고 그 다음이 반지락이라고 한다. 그만큼 우리의 영양소로 중요한 몫을 하고 있다. 굴도 보통의 수산물처럼 양식을 한다. 줄에다 납작한 굴껍데기를 일정한 간격으로 줄줄이 매달아 그것을 바닷속에다 내려놓는 수하식으로 한다. 얼기설기 엮은 가두리에 줄줄이 걸어두기도 한다. 이렇게 하여 남해는 전체가 '굴밭

(oyster bed)'이 되고 마는데, 해마다 하도 많은 굴을 키워서 바다가 힘을 다 잃으니 굴들이 잔병에 자주 걸린다고 한다. 그래서 산을 쉬게 하듯, 밭을 윤작하듯, 굴도 여기저기 돌려가면서 키우는 것으로 알고 있다. 가두리에 줄을 매달아 두면 굴 새끼가 어미 껍데기에 달라붙어서 자라고 일정한 크기가 되면 줄을 걷어 올려서 굴을 딴다. 굴 따는 곳에 가보면 까고 버려진 껍데기가 산더미처럼 쌓여 '굴 산'을 이루고 있다. 거기에 가보면 굴껍데기 까기로 평생을 보내는 사람들이 있더라.

석화와 모려

너무 멀리 돌아온 느낌이 들지만 굴을 석화라고 하는 이유를 이제 곧 알게 된다. 굴껍데기 안은 그 색이 맑고 하얗다. 바깥은 비늘이 있어서 지저분하지만 안은 아주 말끔하고 새하얗다. 굴을 딴 바위에 남은 자국들이 흰 꽃이 핀 듯 보인다고 하여 '석화'라고 부른다. 다시 말하지만 바위에 붙어있는 굴껍데기는 왼쪽 껍데기이다. 그런데 시장에 가면 껍데기가 붙은 채로 굴을 판다. 아니면 일식집에 가면 맛보기로 그런 굴을 내놓기도 한다. 잘 보자. 위의 짝(우각)은 얇고 납작한 편이고, 아래 것(좌각)은 아주 두꺼우며 움푹 들어가 있어서 아귀가 덜 맞는데, 굴 살을 좌각에 담고 있다. 아주 큰 굴의 좌각을 재떨이로 썼던 기억이 난다. 전복껍데기는 비눗갑으로 썼었다고 했던가. 자연미가 넘친다. 자연산(?) 재떨이에 비눗갑이라.

두 번째로, 우리에게 생소한 말이 '모려'라고 했다. 모려에 관한 것을 사전에서 찾아봤다.

(1)모려각회(牡蠣殼灰) : 굴조개 껍질을 구워서 만든 회(재).
(2)모려분(牡蠣粉) : 굴조개 껍질을 불에 태워 만든 가루로 빛깔이 희거나 회색인데 열병, 대하(帶下), 갈증 등 여러 병에 약으로 쓰인다.
(3)모려육(牡蠣肉) : 굴조개의 말린 살로 대하, 갈증, 도한(盜汗) 따위에 쓰인다.

아무렴, 굴의 껍데기나 살을 약으로 썼다는 것이 이해가 간다. 약뿐이 아니다. 양계장에서 닭의 산란을 돕기 위해 조개껍데기를 부숴 모이와 섞어 먹이기도 한다. 달걀껍데기가 바로 조개껍데기와 같은 탄산칼슘이기 때문이다. 요새는 아예 닭의 사료에 조갯가루가 넣어져 나온다. 여기에서 일본의 유명한 패류학자 히라세를 이야기하지 않을 수 없다.

히라세는 처음에 양계업을 한 사람이다. 닭을 키우자니 조개껍데기를 모아 먹여야 하고, 그러자니 자연히 패류에 관심을 가지게 되었다. 돈을 모은 히라세는 유명한 패류학자 구로다를 찾게 되고, 서로 도우면서 패류 연구를 하게 된다. 요샛말로 하자면 산학협동이다. 특히 우리나라의 육산패 연구는 바로 이 두 학자가 초석을 마련했다. 그들은 일제 35년간, 패류뿐 아니라 동식물분류학의 모든 분야에 힘을 쏟았다. 우리의 생물분류학이 일본인에 의해 시작되었다는 것이다. 그들의 역할을 무시할 수가 없다. 식민지의 자원 확보라는 입장에서 연구했다고 항변하면 그것도 옳은 말이다. 어쨌거나 그들 덕에 학문이 발전한 것은 사실이다. 이런 자리에 친일파가 어쩌고저쩌고 논하지 말자. 사람에겐 국경이 있어도 생물들은 경계를 두지 않는다. 틈만 보이면 터전을 넓혀가는 것이 생물인 걸.

생물분류학에서는 아마추어 과학자가 큰 역할을 한다. 어부들도 과학자에 드는데 눈에 선 조개나 고둥을 잡아와서 전공하는 사람이나 기관에 넘겨주는 이들이 바로 아마추어 과학자들이다. 일본 어부들은 패류 연구에 지대한 역할을 할뿐더러 그들 나름대로의 모임도 있다. 아직 우리가 일본을 따라잡는 것은 족탈불급(足脫不及)이라고 하지 않을 수 없다. 어디 그것이 패류학(貝類學, malacology) 분야만의 일일라고.

그런데 양계업과 패류학은 무슨 특별한 인연이 있는 것일까. 우리나라에서도 일본에서처럼 요근래 비슷한 일이 벌어졌기에 하는 말이다. 어쨌거나 '한국의 히라세'는 민덕기 씨이다. 이분은 원래 서울대학교에서 수의학을 전공했고, 히라세처럼 양계를 시작했던 분이다. 저 먼 곳에 닭장을 지어 닭을 키웠다는 말이다. 다행히도 그곳의 땅값이 천정부지로 오르는 바람에 경제적인 여유가 생겼다. 민덕기 씨는 몇 년째 전국을 다니며 수많은 미기록종(未記錄種, 다른 나라에는 있지만 한국에서는 처음 채집된 종) 패류를 채집한 것은 물론이고 도감도 여러 권 출판해 한국 패류학에 지대한 공헌을 하고 있다. 게다가 패류 연구소를 짓고 거기에 많은 소장품까지 전시하였다.

학문과 돈의 함수관계가 이 이야기에 숨어있음을 알 것이다. 아무튼 히라세가 돈을 싸들고 저승으로 가지 않고 그 돈으로 이름을 남기고 갔듯이, 민 선생도 위대한 업적을 남기고 있는 것이다. 나라에서 큰 상을 하나 드려야 할 터인데. "인사유명(人死留名) 표사유피(豹死留皮)"라고, 사람은 죽어서 이름을 남기고 범은 죽어서 가죽을 남긴다.

굴은 잡아먹기도 하고 키워 먹기도 한다고 했다. 굴은 날걸로도 먹는데 다시 말해서 생굴이다. 서양 사람들도 굴은 잘 먹는다. '바다의 우유'로 영양가가 높기 때문이기도 하지만, 그 사람들은 굴이 정력에 좋다고 홀딱 반해있어 그렇다. 굴즙과 정액의 희묽은 색이 서로 닮아서 그런 생각을 굳히게 했는지도 모를 일이다. 우리가 인삼이 정력에 좋다고 신봉하듯이 말이다. 하긴, 어느 것이나 기분 좋게 먹으면 몸에 좋을 터.

그런데 생굴을 언제나 먹을 수는 없다. 어디 굴만 그럴까마는, 해물을 날걸로 먹을 수 있는 것은 냉동했거나 아니면 서늘한 계절에 먹는 것뿐이다. 영어로 1월(January), 2월(February) 등 'r'이 들어있는 달만 날걸로 굴을 먹을 수 있다고 보면 된다. 그러므로 5월(May)에서 8월(August)까지는 생으로 먹을 수가 없다. 그러니 계산해보면 1년의 3분의 2나 되는 긴 기간을 굴을 날로 먹을 수가 있는 셈이다. 그러나 꼭 그것만 믿을 것은 못 된다. 9월도 더우면 삼가는 것은 물론이다.

우리나라에 사는 석화는 '굴[*Crassostrea gigas*]', '토굴[*Ostrea denselamellosa*]' 등 비스름한 것이 무려 16종이나 된다. 해안가에 사는 것에서 바다 밑 30미터 근방에 사는 것 등 꽤 다양하다. 굴의 겉껍데기는 다른 조개들처럼 매끈하지 못하고 꺼칠꺼칠한 비늘 모양으로 예리하고 비스듬한 결이 선다. 그러면서도 몇 년생인가를 알려주는 성장맥을 볼 수가 있다. 앞에서 굴은 굵다란 줄에 커다란 조가비를 달아서 수하식으로 키운다고 했는데, 그때 달라붙는 것은 주로 굴로, 1년만 자라도 패각 길이가 7센티미터에 무게가 60그램이 되고, 2년이면 10센티미터에 140그램이 된다고 한다. 물론 껍데기 무게까지 달아서 그렇다. 그 후에는 거의 생장을 멈추기에 굴은 보통 3년쯤이면 딴다.

우리나라 굴은 5, 6월경에 산란한다. 큰 놈 한 마리가 보통 5천만 개의 알을 낳는다. '우두망찰하다'라는 말은 이럴 때 쓰는 것일까? 암놈 한 마리가 남한 인구만큼의 알을 낳는다고? 굴은 주로 난생을 하지만 어떤 좋은 난태생을 하기도 하며 체외수정도 한다. 난자와 정자가 물에서 수정하여 섬모가 많이 난 담륜자 시기를 거쳐 피면자 시기가 되었다가, D자 모양의 유생이 되면서 조개껍데기나 돌, 바위에 어미 꼴을 하고 내려앉아 바닥에 달라붙는다. 조금 전까지는 물에 떠다니는 플랑크톤 생활을 했던 것이다.

굴의 암수 구별법이다. 실제로 굴의 생식소 부위를 칼로 잘라 체액을 슬라이드에 문질러보면 형태가 두 가지이다. 어떤 것은 우유 같이 멀겋고, 어떤 것은 아주 작은 알갱이가 모여 마들(적혈구가 응집하듯 알갱이가 모인다)하게 보인다. 전자가 수놈이고 후자가 암놈이다. 이제 생식소를 깊게 자르고 두 마리의 생식액을 바닷물을 담은 그릇에 섞는다. 비커에서 굴을 수정시키는 것이다. 그리고 조금 있다가 물을 떠서 현미경으로 보면 앞에서 말한 담륜자, 피면자를 쉽게 관찰할 수가 있다.

굴을 포함하는 무척추동물의 생식과 발생은 꽤나 복잡다단하다. 종에 따라 생식방법이 다르다는 말이다. 어떤 무척추동물은 암수 생식소를 다 갖기도 하고, 또 어떤 것은 한 생식소에서 난자와 정자를 다 만들기도 한다. 이렇게 한 개체가 정자와 난자를 모두 만들어내는 암수한몸이 하등동물에는 아주 흔하다. 그리고 이렇게 암수한몸인 생물에서 웅성생식소가 일찍 성숙하는 경우가 있으니 이를 웅성선숙(雄性先熟)이라 하고, 반대로 난소가 먼저 성숙하는 경우를 자성선숙(雌性先熟)이라 한다. 식물도 그렇지만 동물도 그렇게 하여서 자가수정(自家受精)을 피한다. 즉 정자와 난자의 성숙 시기를 다르게 해 타가수정(他家受精)을 가능케 한다. 이런 예는 비단 굴과 같은 무척추동물에서만 있는 것이 아니다. 대부분의 수컷 생식기관이 암컷보다 먼저 자라나는 경우가 많다고 한다. 그런데 사람을 포함한 고등동물은 되레 자성선숙을 한다. 초등학교

4, 5학년 여학생은 이미 초경을 시작하는데 같은 학년의 남학생들은 여학생의 치마나 들추며 '아이스케키'를 하고 있다.

웅성선숙의 예는 다른 곳에서 다룬, 이매패의 일종인 '나무속살이조개' 무리에서도 본다. 어릴 때는 죄다 수컷이지만 커가면서 암컷으로 바뀐다. 왕새우 일종도 어릴 때는 정자를 만들다가 성숙하면 알을 만들어낸다. 주기적으로 성이 바뀌는 예도 더러 있다. 유럽굴[*Ostrea edulis*]은 계절, 수온에 따라서 암놈에서 수컷으로, 수놈이 암컷 되기를 반복한다고 한다. 그리고 굴 중에서도 크라소스트레아속[*Crassostrea*]의 것들은 어릴 때는 모두 수컷이었다가 어느 정도 자라면 암수의 비가 비슷해지고, 그런 다음에 더 성숙하면 모두가 암컷으로 바뀌어버리는 성전환을 해댄다. 자성선숙의 예는 산호초 속의 물고기에서 더러 본다. 이것들은 어릴 때는 모두 암놈이지만 크면 수컷으로 바뀐다. 물고기인 놀래기 일종은 모두가 암놈이고 한 마리만 수놈이다. 이때 수놈을 제거해버리면 곧바로 암놈 중 한 마리가 수놈으로 성전환을 한다. 이 실험 결과를 가지고 암놈은 모두가 수놈이 되려는 본성, 속성이 있다고 단언하는 학자도 있다. 여자 아이가 남자가 되길 바라는 점을 예시하면서 말이다.

이런 자연스런 성전환말고도 바다 오염으로 인해 성 바뀜을 일으키는 경우도 더러 있다. 배 밑바닥에 동식물이 달라붙는 것을 막기 위해 도료(塗料)를 칠한다고 했다. 그런데 페인트에는 TBT(tributyltin)라는 물질이 들어있어서 이것이 패류에 영향을 미치는 것으로 밝혀졌다. 아주 소량이 있어도 굴의 유생이 부착되지 못하고, 굴껍데기가 자라는 것을 방해한다. 그리고 암놈 복족류가 잘 자라지 못한다거나 기형이 생기는 것은 물론이고, 오른쪽 촉수 가까이나 뒤쪽에 음경이 생겨나는 '임포섹스(imposex)'가 유발되기도 한다. 임포섹스란 어떤 원인으로 암놈 몸에 수컷 특징이 나타나는 것을 통칭한다. 결국 TBT가 웅성호르몬(testosterone)의 농도를 변화시켜 생겨나는 것으로 보이는데, 아직 정확한 원인을 밝히지 못했다. 세계적으로 49속, 72종에서 임포섹스를 발견하였고, 우리나라에서도 복족류 고둥인 대수리[*Thais clavigera*]와 뿔두드럭고둥[*Thasis luteostoma*]에서 수컷의 성징(性徵)이 암컷에 나타나는 것을 발견한 예가 있다.

이제 이야기가 종점에 다다랐다. 굴에서 천연진주를 얻는다는데, 우리가 잡거나 키워 먹는 굴에서 저절로 생긴 진주는 형편없어서 진주로 쳐주지 않는다. 번데기 앞에서 주름잡아봤자 어눌할 뿐이다. 하지만 페르시아만(灣)이 원산지인 멜레아그리나 불가리스[*Meleagrina vulgaris*]라는 굴에서 얻은 천연 흑진주는 '진주 중의 진주'로 최고라고 한다. 허나, 진정 값진 것은 값이 없다. 공기, 물, 사랑이 그렇지 않던가.

색채변이 다양한 반지락

바다에는 세 사람이 살고 있다. 어부(漁 夫), 패부(貝夫), 선부(船夫)이다. 평생을 물고기 잡아먹고 사는 사람이 어부요, 조개잡이 해서 연 명하는 사람이 패부, 뱃사공이 선부이다. 거기에 도 다 제 전공이 있더라. 높이 날아오르는 갈매기 가 멀리 보고, 일찍 일어나는 새가 벌레를 잡는다 고 했지. 바다에 사는 패류 중에서 굴 다음으로 우리에게 많이 잡아먹히는 조개가 반지락이라 한다. 다른 말로 반지락이 우리 입맛에도 잘 맞고 영양가도 좋은 조개란 뜻이다. 그래서 굴만 키워 서 먹는 게 아니라 반지락도 키운다. 농장은 땅에 만 있는 것이 아니다. 바다는 어패류의 사육장이다. 소, 돼지만이 아니라 조개나 물고기도 키워서 잡아먹는 세상이 됐다. 반지락은 바지락, 빤지락, 바지래기, 개발 등의 이름으로 지방에 따라 다르게 불린다. 즉 지방명이 따로 있다. 필자의 고향 경남 산청(山淸)에서는 반지락을 '개발'이라 부른다. 무슨 뜻인지는 몰라도, 시골에 내려가 '개발'이란 말만 들어도 옛말을 듣는 듯, 선친(先親)을 만난 듯 정감이 간다. 어릴 적에 써왔던, 잊을 듯 말 듯 남아있는 말은 단순한 말이 아니라 손때 묻은 가보(家寶) 같아서 좋다. 늙은 어머니를 닮았다고나 할까. 어쨌거나 국어사전에는 반지락이 '바지락'으로 올라있으나 '생물용어집'이나 '패류도감'에는 '반지락'으로 써있다. 하여, 전공 쪽에서 쓰는 말을 따라 쓰는 것이 옳기 때문에 '반지락'이 맞는 말이다. 개똥벌레, 반디로 불리는 그것도 반딧불이가 맞듯이.

해물칼국수에 들어있는 조개는?

먹는 이야기부터 하자. 우리 시골에 가면 언제나 시원한 개발국을 먹을 수 있어 좋다. 오랜만에 고향 왔다고 고우(故友)와 한잔한 다음날 아침에 끓여주는 국은 언제나 개발국이었다. 부산 등지에서는 '재첩국'을 알아주지만. 새벽녘에 아주머니들이 함지를 머리에 이고 "재치국 사이소—!" 하며 골목골목을 뒤지다시피 다니면서 팔았다. 희뿌연 국물에 알알이 재첩 살이 동동 뜨던 재치국. 필자의 선형(先兄)도 그 국물을 무척 좋아하셨다. 가신 분들을 다시 만나지 못하니 서러워 어쩔꼬. 왜 갑자기 엉뚱한 생각이? 때문지 않은 영혼을 가졌던 아주머니들은 지금 어디에? 다들 이 세상을 떠난 지 오래이다. 만 년이나 살듯이 "재치국 사이소−, 사이소−!" 하고 외치지 않았던가. 다들 그렇게 어렵사리 살다가 갔다. 누구의 일생인들 별다를 게 없다. 언젠간 죽을 줄 뻔히 알면서 "사이소−, 사이소−!" 하는 것이다. 검박(儉朴)하게 살다 가신 어르신네들이다. 생자필멸(生者必滅)을 어이 하겠는가.

그 재첩은 낙동강 끝자락의 민물과 바닷물이 합수(合水)하는 기수역(汽水域)에 살았던 것이다. 지금은 하구(河口)에 둑을 쌓고 나서 모두 사라지고 말았는데 대신 섬진강 아래 하동(河東) 쪽에서 맛있는 재첩이 난다. 어쨌거나 반지락국도 그것에 못지않다. 우리 동네에서는 멀면서도 가까운 바닷가 마을, 고성(固城) 근방 개펄에서 캔 반지락은 씨알이 굵지 않은 편이지만 맛은 뛰어나다. 속풀이에 조갯국들이 좋다는 것은 이미 알려진 사실이 아닌가.

이번엔 해물칼국수를 먹어보자. 해물칼국수에 가장 많이 넣는 조개는 반지락과 진주담치이다. 거기에다 동해안 쪽으로 가면 '대복[Gomphia veneriformis]'을, 서해안 쪽으로 가면 '동죽'을 넣고, 가끔은 '구슬우렁이'를 넣기도 한다. 물론 주꾸미나 꼴뚜기, 새우를 곁들이기도 한다. 그냥 조개라고만 알고 먹는 것보다 그놈들의 이름을 알고 먹으면 더 맛있게 느껴지지 않을까. 서울에 갔더니 '바지락칼국수'라는 이름을 단 칼국수 집이 많이 보였다. 역시 칼국수에는 반지락이 빠질 수가 없다. 길이 2~3센티미터 타원형의 납작한 조개가 반지락인데 이것들이 국물 내는 데는 으뜸이다.

반지락은 동해안을 제외한, 간만의 차가 심한 남·서해안의 조간대에 산다. 간조(干潮)시 4~5시간 공기에 노출되는, 바닷물이 드나드는 곳에 주로 산다. 이 때문에 장마철이나 비가 많이 오는 날에는 민물을 흠뻑 둘러쓰기도 하고, 혼탁한 물을 뒤집어쓰는 특수한 환경에서 서식한다. 바닷물보다 염도(鹽度)가 낮은 물에서도 거뜬하게 견딘다는 말이다. '혼탁'이란 단어가 나오니 번뜩 생각이 나는 게 있다. 필자가 쓴 어쭙잖은 석사논문은, 반지락의 유패가 혼탁한 물에서 얼마나 잘 견뎌내는지를 알아보는 것이었다. 작년에 세상을 떠나신 최기철 은사님의 박사논문이 반지락의 생리, 생태, 발생 등을 밝히는 것이었는데 필자가 그중에서 혼탁도(混濁度)에 관한 부분을 떠맡았었다. 인천이 반지락의 실험 대상지였다. 이것들이 사는 인천항의 물이 황톳물이라 자연히 나의 석사논문 주제로 선택한 것이다. 그런데 저 더러운 물에 어찌 조개 새끼들이 죽지 않고 살까?

간조 때 인천의 만석동 근방의 갯벌에 뛰어들어 보드라운 모래를 한 켜 걷어 서울 실험실로 가져온다. 모래 알갱이 사이에 꼼작거리는 반지락 유패를 해부현미경으로 찾아내어 일부러 만든 흙탕물에 집어넣어서 생존 여부를 보는 것이 내가 하는 일이었는데, 즉 반지락이 혼탁도에 얼마나 견디나 보는 것이었다. 조개 새끼가 모래 알갱이만 하기 때문에 그것들을 찾으려면 눈이 빠진다. 아마도 그때 내 눈이 많이 나빠졌으리라. 바닥에 모래가 담긴 유리접시를 이리저리 흔들어가면서 찾아야 하니 눈이 성할 리가 없다.

펄에 들어갔다가 억수로 비를 맞아 '물에 빠진 생쥐'가 되기 일쑤였다. 신세타령을 한들 무슨 소용이 있으랴. 제 일을 제가 하는 것인데. 채집이 끝나고 홀딱 젖은 채 피곤에 지쳐 동인천에서 기차를 타고 서울로 온다. 지금은 전철이 있으니 상대적으로 인천이 가깝게 느껴지지만 그때만 해도 한 시간에 한 번씩만 있는 기차가 굼벵이나 다름없었다. 추위도 어쩔 수 없다. 채집하고 실험하는 사람들이 다 그렇게 살아가는 걸. 지금은 다들 자동차로 현장에 가서 간단히 채집을 끝내고 돌아오니 금석지감(今昔之感)이란 말은 이럴 때 쓰는 것이리라. 지금 잣대로 보면 처량하고 처참하기 짝이 없어 보이지만 그때는 그랬다.

가난한 대학원생의 서럽고 슬펐던 이야기는 여기서 멈춘다. 어디 나 혼자만의 이야기겠는가. 풍년의 거지가 더 섧다고 아직도 어렵사리 공부하는 학생들이 태반이다. 필자가 2세대 과학자라면 1세대이신 우리 은사님들의 고통과 아픔은 어떠했겠는가. 가정이나 국가나 다 어른과 선배들의 피와 땀으로 다음 세대가 자랐다는 것! 그래서 늙은이를 폄하하거나 무시, 경시해서는 안 된다. 젊은 사람이 어른을 무시하는 소리를 들으면 마뜩지 않고 허허탄식(歔歔歎息)이 절로 나온다. 학문의 업적이 지금 것에 비해서 수준이 낮고 유치하더라도 그분들의 노력이 거름이 되고 초석이 되었다는 것은 누구도 부인하지 못한다. 가정이나 나라도 마찬가지가 아니겠는가.

어쨌거나 필자는 그렇게 시작한 패류학을 끝까지 밀고 왔고, 그 결과 『한국동식물도감』 중 「32권, 연체동물편」(교육부), 『원색한국패류도감』(아카데미서적) 등의 도감도 몇 권을 냈고, 논문도 70여 편을 남겼다. 나를 이끌어주신 은사님은 그 후 민물어류학으로 방향을 틀어서 아흔이 넘도록 그 분야에 진력하시다가 대업을 남기시고 떠나셨다.

창피한 이야기를 하나 하자면, 필자가 연구한 반지락 유패에 관한 석사논문은 지금의 학사논문만도 못했다는 것을 고백하지 않을 수 없다. 우리 생물학과 4학년 학생들이 졸업논문을 발표하는 날은 언제나 나의 석사논문과 그들의 것을 비교하면서 눈을 감곤 한다. 요샛말로는 뭔가가 꿀린다고 표현하는 게 가장 적절할 듯하다. 학문의 발전 속도가 이렇게 빠를 줄이야. 정녕 장한 내 제자들이로군. 그래, 그래야지. 쉬지 말고 앞으로 힘껏 달려나가게! 과학과 뱀은 속성이 같아서 절대로 뒷걸음질치지 못한다고 내가 누차 일렀으렷다! 바위틈에 들어간 뱀의 뒤꼬리는 아무리 잡아당겨도 몸뚱이가 잘라져 토막이 났으면 났지 절대로 끌려나오지 않는다.

가제트 발을 가진 별난 조개

해물칼국수 집에서도 공부는 계속된다. 반지락껍데기를 빈 그릇에 던져버리지 말고 밥상 위에 올려서 줄을 세워보자. 무엇보다 껍데기 무늬를 유심히 뜯어보고 얼룩진 무늬를 비교해보자. 아마도 무늬가 똑같은 조개를 찾기는 어려울 것이다. 그렇게 무늬가 다양하다. 일종의 개체변이다. 그리고 오른쪽 껍데기와 왼쪽 껍데기의 무늬를 비교해보면 하나같이 대칭이다. 신기하다는 생각이 들 정도다. 그러나 또래들 중에는 무늬가 다른 짝꿍이 나온다. 일종의 돌연변이이다. 그런데 이렇게 무늬의 개체변이가 심한 것은 대복도 마찬가지이다. 대복은 동해안에서만 나는 조개로 반지락보다 조금 더 크다. 반지락은 껍데기가 거친 데 비해 대복은 매끈하다. 사실 남·서해안 물은 더럽기 짝이 없어서 동해안의 깨끗한 물에 사는 대복을 먹으라고 권한다. 남·서해안에 들락거리는 물이 얼마나 흙탕인지 알고부터는 거기서 잡은 반지락을 먹는 것이 어쩐지 느끼하다. 모르고 먹는 것은 어쩔 수 없지만.

'조개젓'은 입맛을 돋우는 밥도둑이다. 조개로 만든 젓갈은 대부분 반지락이 주원료이다. 굴도 그렇지만, 남해안 곳곳에 반지락을 잡아다 살을 까는 곳이 있으니, 거길 가보면 역시 껍데기가 산더미처럼 쌓여있다. 조갯살에 소금을 쳐서 독에 넣어두면 발효가 되어 감칠맛 나는 젓갈이 된다. 짠 곳에서만 사는 특수한 유산균이나 효모가 단백질을 아미노산, 유기산으로 분해한다. 그리하여 특유의 젓갈 맛을 내는 것이다. 단백질의 발효는 생선 젓갈도 마찬가지이다.

반지락은 대복과 함께 백합과에 속하는 조개로 사실 우리가 먹는 조개는 대부분 백합과에 속한다. 어디 한번 주섬주섬 헤아려보자. 맛있기로는 최고인 '백합', 된장국 끓이는 데 가장 많이 넣는 '개조개', '가무락조개', '떡조개', '비너스조개' 등등 이것들에 대해 설명을 조금씩 붙여본다. 먼저 백합을 보자. 백합은 주로 서해안에 서식하는데 잡히는 족족 최고급 음식점이나 일본으로 팔려 나간다. 일본 사람들이 우리나라 대합이라면 사족을 못 쓴다고 한다. 중국에서 잡힌 좋은 조개는 우리에게 오고, 우리 것은 일본으로 간다. 먹잇감의 확산현상이라 해두자. 물론 중국 사람들이 우리나라로, 우리나라 사람들은 일본 땅으로 가서 돈을 버는 것도 확산, 삼투 현상이다. 아무튼 우리 같은 보통 사람들은 백합 맛은 고사하고 꼴을 보기도 힘들다. 모르겠다, 노량진 시장에 가보면 만나 볼 수 있을는지.

이 조개는 어쩐지 생김새부터 양반다운 품을 풍긴다. 전체적으로 둥근 삼각형에 가깝고, 껍데기가 아주 두껍고, 반지락이나 대복의 무늬완 아주 다르다. 굵직굵직한 산(∧∧) 무늬를 하고 옅은 광택을 낸다. 껍데기가 두꺼워 갈아서 바둑의 흰 돌로 쓰기도 했다. 또 피부에 바르는 끈적끈적한 연고를 담는 그릇으로도 썼던 기억이 필자도 생생하다. 조개의 각정 부위에 검은 갈색의 길쭉한 돌기가 밖에 따로 나있는데 그것이 인대이다. 그리고 양 껍데기를 꽉 닫을 수 있게 이가 서로 맞물려있어 껍데기를 누르면 두 껍데기가 엇갈려 딱 맞아든다. 양쪽에 두세 개의 이가 있어서 서로 끼이게 되어있다. 아무튼 백합은 서해안에서 널리 양식되는데, 모래와 진흙의 비가 7 대 3에 가까운 펄에 종패를 일정한 간격으로 심어서 키운다. 조개 양식에는 종패를 얻는 기술이 아주 중요하니 전복, 가리비 등도 매한가지이다.

다음은 백합과의 '개조개[*Saxidomus purpuratus*]' 이야기이다. 된장국에 넣는 조개는 대부분 개조개이다. 내 기억으로는 몇 년 전만 해도 한 미에 500원 했었는데 지금은 3천 원을 웃돈다고 한다. 개조개는 주로 남·서해안의 얕은 바다에 사는데 잠수한 어부들이 압축공기를 진흙에 쏘아대면 흙은 날아가고 바닥에 조개만 남는다고 한다. 그렇게 잡은 개조개는 며칠을 끄떡없이 살아낸다. 개조개는 각장이 10센티미터에 달하며, 역시 둥근 삼각형에 가깝고, 아주 두꺼운 각피에 거친 성장맥이 촘촘히 나있는 것이 특징이다. 부엌칼을 껍데기 사이에 넣고 양쪽의 폐각근을 자른다. 살을 꺼내고 껍데기 안을 보면 그 안은 아주 진한 보라색이고, 양쪽에는 폐각근이 붙었던 자리인 둥글넓적한 폐각근흔(閉殼筋痕)이 있다. 들어낸 속살덩이를 물에 씻어 다진 다음에 된장국에 넣어 끓이니 국이 구수하고 감칠맛 난다. 조개 무리들은 우리의 영양 공급에 중요한 몫을 한다. 그래서 생선과 패류(조개, 고둥)가 없는 밥상은 황량하기 짝이 없다.

엉뚱한 이야기를 하나 끼워넣자. 발을 길게 뻗어 바다 밑 퇴적물을 파고드는 좀 별난 조개를 소개한다. 미국의 샌디에이고 스크립스해양연구소에서 일하는 생물학자들은 아주 작은 이매패가 퇴적물을 파고들기 위해서 길게 다리를 뻗는다는 것을 알아냈다. 바로 '말발조개과'의 한 무린데, 이 패류는 일련의 화학물질을 필요로 하는 세균을 몸에 지니고 있어서 그들 세균과 공생하므로 생존이 가능하다. 말발조개 무리는 얕은 바다에서 아주 깊은 곳(4천 미터)까지 살고, 공생세균에게 황(黃, sulfide) 성분을 공급해주기 위해서 무산소 상태의 퇴적물로 파고든다. 황을 받은 세균은 그것으로 화학합성한 당(糖)을 여과섭식을 하는 조개에게 제공한다. 허허, 조개와 세균이 공생한다? 사람도 베푸는 삶을 살아야 할 텐데…….

이런 예는 동물계에서도 아주 드물게 나타난다. 1977년에 남미 갈라파고스 제도의 2800미터 바닷속을 촬영했는데 섭씨 22도의 뜨거운 물이 솟아나는 그곳에 조개, 담치, 게, 갯지렁이 등이 살고 있어서 모두를 깜짝 놀라게 했다. 빛이 들어오지 않는 곳에 생물들이 살고 있으니 놀랄 수밖에. 알고 보니 이것들이 세균과 공생을 하더라는 것이다. 고온에서 화학합성을 하는 세균들이 이들 동물의 내장에 그득 들어있어서 숙주에게 양분을 공급하고, 자신들은 숙주를 삶터로 삼아 거기서 그렇게 살고 있더라는 것이다! 절묘한 만남이 아니고 뭔가. 그 뜨겁고 깊은 바다 밑에서 그렇게 만나 살고 있다니……. 아주 다른 두 종이 서로 돕는다는 게 흥미롭다. 공생하는 세균들이 필요로 하는 황 성분을 얻기 위해서 이들 조개는 퇴적물을 발로 팔 수 있도록 진화한 것이다. 산호나 열대지방의 일부 복족류가 수압(水壓)의 힘을 빌려 촉수를 길게 뻗는 수는 있지만, 무려 30배나 넘게 발을 뻗는 것은 이 말발조개 무리가 처음이다.

오늘도 남·서해안 바닷가 사람들은 물 나가길 기다렸다가 반지락을 캔다. 밭뙈기의 잡초를 매듯 개흙을 차근차근 호미로 긁어 알토란 같은 반지락을 소쿠리에 주워 담는다.

껍데기를 벗어버린
민달팽이

‘달팽이껍데기만 한 집'이란 말은 매우 작고 협소한 ‘오막살이집'이란 뜻이다. 그런 오두막집을 가진 것만도 감지덕지할지어다. 그러나 있던 오두막집도 다 잃어버리고 맨몸으로 사는 달팽이가 있으니, 집 없다고 업신여기거나 깔보지 말지어다. 집이 싫다고 벗어버렸으니 말이다. 시거든 떫지나 말 것이지. 더딘 녀석이 집까지 벗어버렸으니 어떻게 살아가지? 다른 녀석들이 잡아먹으려 막 달려들 터인데.

국어사전에 ‘민달팽이'란 말이 없는 것을 보면 아주 근래 만들어진 말임이 틀림없다. 신조어(新造語)에는 언제나 그 시대의 역사성이 배어있으므로 세월의 흐름에 비례하여 사전도 두꺼워지는 것이다. 괄태충(括胎蟲)이란 말이 있다. 영어로는 '슬러그(slug)'이며 '느릿느릿한 사람'이나 '게으름뱅이'를 상징하기도 한다. 민달팽이의 뜻은 무엇인가? '민' 자는 아무런 꾸밈새나 덧붙어 딸린 것이 없음을 나타내는 말로 민물(소금기가 없는 물), 민쉼표, 민저고리, 민무늬근, 민낯(화장을 하지 않은 여자의 얼굴), 민머리(정수리까지 벗어진 대머리), 민날(밖으로 날카롭게 드러난 칼이나 창 따위의 날) 등으로 쓰인다. 한마디로 껍데기가 없어진 달팽이란 뜻에서 '민달팽이'가 됐다고 보면 된다. 흔히 토와(土蝸), 활유(蛞蝓)라고도 부른다.

달팽이 조상이 처음 나타난 것은 약 5억 7천 만 년 전, 캄브리아기 초의 일이다. 이들은 다양한 모습으로 진화하여 오늘날 달팽이를 포함한 조개류와 문어, 오징어 등 연체동물이 되었다. 그중에서 달팽이는 바다에서 뭍으로 올라와 진화한 유일한 연체동물인데 이들의 껍데기는 티라노사우루스가 살았던 때, 지금으로부터 1억 4500만 년에서 6500만 년 전인 백악기에 이미 지금과 같은 모양을 갖추었다. 거대한 공룡에 비하면 미물인 달팽이이지만, 이들은 이미 오래전 멸종해버린 공룡과 달리 끈질긴 생명력으로 진화를 거듭하며 오늘날까지 살아남았다.

민달팽이나 달팽이는 둘 다 복족류로 아주 가깝다. 민달팽이의 겉껍데기가 완전히 없어져버린 것도 있고, 작아지면서(퇴화하면서) 살(외투막) 속으로 들어간 무리도 있다. 우리나라에 사는 민달팽이 무리는 두 과로 나뉜다.

하나는 '뾰족민달팽이과'이다. 꼬리 끝에 뾰족한 돌기가 있어서 붙은 이름이다. 이 무리에는 3종이 있는데 그중 '작은뾰족민달팽이[*Deroceras reticulatum*]'가 농가, 비닐하우스 등지에서 농작물에 피해를 입힌다. 그뿐만 아니라 아파트 베란다 화분에도 달라붙는다. 물을 뿌린 다음이나 비가 많이 오는 날 베란다 바닥에 여러 마리가 기어다닌다. 그리고 이 무리는 등짝 앞 중간에 약간 볼록한 곳이 있는데 그 속을 잘라보면 콘택트렌즈를 닮은 둥그스름하고 투명한 작은 껍데기가 들어있다.

그런가 하면 두 번째 무리인 '민달팽이과'의 것들은 껍데기가 완전히 퇴화해 흔적도 없어지고 말았는데, 여기에는 '민달팽이[*Incilaria bilineata*]'와 '산민달팽이[*I. fruhstorferi*]'가 속한다. 산기슭이나 깊은 산에서 보는 산민달팽이는 우리가 가장 흔하게 만나는 것이다. 이들은 무거운 껍데기를 벗었기에 활동이 더 빠르고, 그래서 달팽이보다 더 진화한 것으로 보인다. 민달팽이는 중국, 산민달팽이는 일본 대마도가 원산지라는 설이 있다. 우리나라에 사는 민달팽이 무리는 모두가 이입종(移入種)이다.

민달팽이는 달팽이와 마찬가지로 더듬이가 4개이다. 말 그대로 껍데기만 없을 뿐 민달팽이도 달팽이와 발생, 생식 등이 모두 같다. 그런데 민달팽이는 암수한몸일까, 암수딴몸일까? 역시 암수한몸이면서도 다른 개체와 반드시 교미를 한다. 산민달팽이들이 짝짓기를 하면서 많은 양의 하얀 정액을 쥐어짜는 것을 본다. 민달팽이 중에는 독성이 있어 포식자들이 아주 싫어하는 놈이 있고,

보호색 · 경계색을 갖는 놈도 있다. 그리고 이것들은 발의 근육운동으로 이동하고 발바닥의 섬모도 운동을 돕는다.

민달팽이 퇴치법

민달팽이를 보면 어쩐지 기분이 마뜩지 않다. 경계색에다 굼뜨게 꿈틀거리는 것이 집 있는 달팽이와 달리 혐오스럽기까지 하다. 게다가 기어간 자리에 번드레한 흔적까지 남기지 않는가. 민달팽이는 자극을 받으면 보통 때보다 더 많은 양의 점액을 분비하는데 나름대로 방어물질인 독성분을 분비하는 것이다. 생물이 분비하는 점액치고 독성이 없는 것이 없다. 우리가 내놓는 땀, 침, 눈물 또한 다른 동물에게는 독이다. '침 먹은 지네'라고 그 무서운 지네도 사람의 침 한방에 나가떨어지고 만다.

　민달팽이는 특히 농가에 해를 많이 끼치는 해충이다. 달팽이를 전공하다 보니 여러 곳에서 전화나 이메일로 놈들의 퇴치법을 물어온다. 제주도에서는 민달팽이가 감귤의 순을 갉아먹어 농민들의 원성을 사고, 양란을 키우는 농민들도 녀석들을 제거하는 것을 무척 힘들어한다. 또 놈들이 버섯을 잘 먹어 버섯 키우는 사람들에게도 미움을 산다. 결국 민달팽이 먹이가 어떤 것인지를 알 수 있게 되었다. 농부들에게 달팽이는 농작물을 먹어대는 해충일 뿐이어서 독일에서는 '달팽이 옥수수'라는 달팽이 제거제가 개발되기도 했다. 그런데 산에서 민달팽이가 독버섯을 야금야금 뜯어 먹는 것을 볼 수 있는데, 이것은 녀석들이 독을 해독하는 물질을 지녔다는 것을 암시한다. 그뿐만 아니라 달팽이는 힘이 세서 자신의 몸무게보다 200배나 더 무거운 물체도 끌 수 있다.

우리나라에서는 민달팽이를 허리가 아프거나 짝불알인 아이들에게 구워 먹였다고 하고 일본인들도 민달팽이를 아주 즐겨먹는다고 한다. 그리고 독일 남부에서는 전통적으로 말의 천식에 약재료로 민달팽이를 썼는데, 우선 주된 재료인 민달팽이와 설탕을 1대 1 비율로 섞는다. 설탕은 민달팽이 몸에서 수분이 모두 빠져나오게 만드는데, 그 즙을 여과기에 거른 뒤에 알코올과 섞으면 약이 완성된다. 감기약도 되는 선약이다.

그런데 민달팽이를 약을 치지 않고 죽이는 방법은 없을까? 앞에서 민달팽이가 흥분하면 점액을 많이 분비한다고 했다. 그러니 민달팽이 몸에 재나 석회를 뿌리면 자극을 받아서 계속 점액을 분비할 것이고, 그러다가 에너지를 다 소비하면 죽게 된다. 밭에다 재나 석회를 뿌리는 것은 살충제와는 달리 농작물에 아무런 문제가 되지 않으니 이들 해충을 잡는 데 아주 좋은 방법이다. 껍데기를 벗어버렸기 때문에 생긴 약점이다. 소금도 좋다. 놈들은 비가 오면 아무 데나 나와서 먹이를 찾고, 짝짓기를 하는데 갑자기 햇살이 나면 그늘에 숨기 바쁘다. 마당에 기어다니던 놈들은 가까운 장독대로 숨어든다. 어떤 녀석은 독에 기어올라 가 독 뚜껑 밑 틈새에 납작 숨기도 한다. 무심코 장독 뚜껑을 열었다 치자. 손끝에 닿는 민달팽이의 물컹한 감촉에 질겁하지 않을 아낙네는 없다. 놀라서 넘어지기도 하고, 임신한 여인네는 유산까지 하는 수가 있다. 그래서 비가 온 다음에 장독대 둘레에 굵은 소금을 뿌려두는 지혜를 얻기에 이른다. 달팽이가 짠 소금을 넘어오지는 못하니까. 소금이나 재나 석회는 모두 민달팽이를 화나게 해 민달팽이가 진을 쏟다가 심하면 제풀에 죽게 만든다.

민달팽이는 패각이 없으니 왼돌이, 오른돌이란 말이 의미가 없다. 우리나라 달팽이를 보면 오른쪽잡이가 훨씬 우세한데, 110여 종 중에서 오직 다음 세 무리만이 껍데기가 왼쪽으로 도는 좌선(左旋)이다. '입술대고둥', '왼돌이깨알달팽이', '왼돌이배꼽털달팽이' 무리가 그들이다. 민물에 사는 놈들 중에서는 '왼돌이물달팽이'가 유일하고, 바다에서는 띠줄고둥과가 모두 좌선형이고 '왼돌이언청이고둥', '가는왼돌이언청이고둥' 등 아주 소수만이 좌선을 한다. 사람도 오른손잡이가 절대적으로 많듯이 연체동물의 복족류들도 그렇다. 이 세상은 오른쪽잡이들의 것이다. DNA까지도 전부 오른쪽으로 감겨 꼬였다고 하지 않는가.

좌선, 우선(右旋)의 구별법을 보자. 고둥 각정을 위로 가도록 바닥에 놨을 때, 각구가 어느 쪽으로 가서 열리느냐에 따라 좌선, 우선이 결정된다. 물론 보는 사람 입장에서 오른쪽으로 입이 열리면 우선이고, 왼쪽이면 좌선이다. 그리고 각정 부위에서 아래 입 쪽으로 내려다보자. 그때 껍데기가 시계 방향, 즉 오른쪽으로 꼬이면 우선이고, 반시계 방향으로 꼬임이 일어나면 좌선이다.

엉뚱한 이야기를 한토막 하고 지나가자. 좌천우존(左遷右尊), 왼손을 천하게 여기고 오른손을 귀하게 여기는 것은 비단 우리만이 아니다. 인도의 남쪽 사람들이나 이슬람교도들은 대변을 본 후 왼손을 써서 뒷물을 하기에 왼손을 불결하게 여긴다. 그리고 오른손을 '바른손'이라고 하는데, '오른'은 '옳다'에서 온 말이고 '바른'은 '바르다'란 말에 그 뿌리가 있다. 그리고 왼손의 '왼'은 '외다'에서 온 말인데, '외다'는 '그르다', '나쁘다'란 뜻이다. 악수할 때도 오른손으로 하고 술잔을 권할 적에도 오른손에 잔을 들고 권하는데, 서양에서도 마찬가지로 오른손에는 긍정적인, 왼손엔 부정적인 의미를 부여한다. 오른쪽인 라이트(right)에는 '정당한'이라는 의미가 들어있다면 왼쪽인 레프트(left)에는 '불길한'이라는 의미가 들어있다. 레프트핸드(left-hand)도 '정상이 아닌', '서투른'이라는 의미를 갖는다. 왼쪽을 의미하는 단어로 시너스터(sinister)가 있는데, '불길한'이나 '재수 없는'이란 뜻이 들어있다. 오른돌이는 덱스트럴(dextral)이라 하는데, 덱스트러스(dextrous)에서 온 말로 오른쪽이란 뜻 외에도 '솜씨 좋은', '손재주가 있는' 그런 뜻이다. 아무튼 좌우라는 방향이 여러 의미를 내포하고 있다.

식물의 덩굴이 감고 올라가는 것도 좌선, 우선이 있다. 나팔꽃은 이른 아침에 피었다가 오전 중에 시든다. 나팔꽃은 왼쪽으로 감는 좌선을 하는데 그 이유를 전설에서 찾아보자.

옛날에 중국에 그림을 잘 그리는 화공(畵工)이 있었는데, 그의 아내가 천하의 절색가인(絶色佳人)이었다. 그 고을 원이 부인을 탐내어 강제로 잡아가니, 화공은 밤낮 부인을 생각하다가 그만 미치고 말았다. 그러고는 며칠 동안 그린 그림 한 장을 부인이 갇혀있는 성 밑에 파묻은 후 그 옆에 쓰러져 죽고 말았다. 감옥에 갇힌 부인은 남편이 죽은 후부터 매일 밤 같은 꿈을 되풀이하여 꾸게 되었다. "사랑하는 아내여, 나는 저 먼 곳에서 밤새도록 당신을 찾아오는데, 겨우 당신 곁에 도착하면 그때마다 곧 아침 해가 솟고 당신의 잠도 깨니 언제나 하고 싶은 말 못하고 떠나게 되는구려. 할 수 없이 내일 또 찾아오겠소." 부인이 이상히 여겨 아침에 철창 밖을 유심히 내다보니 거기에 나팔꽃처럼 생긴 꽃이 피어오르고 있었다. 부인은 원한에 사무친 채 죽은 남편의 넋이 이 꽃으로 태어난 것임을 알아차리고 발을 굴러 통곡하였다고 한다.

나팔꽃 덩굴이 왼쪽으로 감기면서 올라가는 고집은 부인을 향한 그리움의 표시라고 한다. 사람들이 지어낸 이야기가 많아 식상한 것도 많지만 어쩐지 이 글을 읽으니 마음이 짠하다. 원에게 대거리 한 번 못하고 밤마다 베갯잇 적시면서 죽은 듯 지내야 했던 그림쟁이를 생각하니 말이다. "은혜는 돌에 새기고 한(恨)은 물에 흘려보내라."라고 하지만 마음 한구석이 편치 못하다. 요새야 어디 그런 일이 있을 수 있나. 아무튼 대부분의 식물들이 좌선하지만 콩과 식물인 등나무, 칡 등의 덩굴은 오른쪽으로 감아 오른다. "콩과 식물은 모두가 우선을 한다."라는 공식, 법칙을 공언해도 되려나? 아니면 이미 누가 발표했을까? 식물의 덩굴을 보면서 저놈이 오른쪽으로 감는지, 아니면 왼쪽으로 감는지에 마음을 써보는 것도 자연에 한발 가까이 다가가는 방법일 것이다.

동식물의 오른쪽 감기와 왼쪽 감기를 이야기했다. 그러나 주제는 민달팽이가 아닌가. 여기 송수권 시인이 민달팽이가 되어 시를 쓰고 있다. 「누리장나무 잎사귀에는 낯선 길이 있다」라는 시이다.

봄날, 누리장나무 잎사귀에 오면
낯선 길이 하나 있다
누리장나무 잎사귀에 붙어사는
민달팽이 한 마리
누리장나무 잎사귀 뒤에
제 몸 숨길 줄 알고
잎사귀 위에 올라와
젖은 몸 말릴 줄 안다
붉은 말똥가리 새끼
저 하늘에 떠도는 동안
꽃 피는 그 소리 움찔 놀라고
두 뿔에 감기는 구름

돌들로 감옥을 쌓고
말씀으로 예루살렘이 불타는
정든 유곽의 길을 지나
혁명(革命)의 길을 지나

봄날,

누리장나무 잎사귀에 오면

내가 아직 한 번도 가보지 못한

낯선 길이 하나 있다

꿈보다 해몽이 더 좋을 수가 있다. 이 시를 나희덕 시인은 다음과 같이 풀이하고 있다. "민달팽이의 걸음을 따라 밭에서 한나절을 보낸 적이 있다. 이 잎사귀에서 저 잎사귀로 옮겨 앉는 데 한 시간이 넘게 걸렸다. 상춧잎 하나를 붙들고 몇 시간을 꾸물거렸다. 그런데 연하고 매끄러운 배를 밀며 지나간 자리마다 오솔길 같은 민달팽이 길이 생겼다. 제 몸에 다른 속도를 지녀보는 어려움과 즐거움이 그 낯선 길 위에 있었다."

민달팽이가 되어서 자기를 반조(返照)하는 시인도 있더라. 들리나니 절창(絕唱)이요, 보이나니 절경(絕景)이라더니만, 시란 시는 다 그렇다. 어디 금강산의 단풍치고 예쁘지 않은 것이 있던가!

천하의 불가사리에도
기생하는 고둥이 있더라

　　'천적'이란 보통 사람에게 해로운 생물을
공격하는 생물을 말하나, 넓고 크게 보면 어떤 생
물을 다치게 하거나 죽이면 모두 천적이라 해도
된다. 이 때문에 천적이 없는 생물은 세상에 없
다. 만물의 영장이라고 뻐기는 사람에겐 천적이
없는 것일까? 사람을 먹잇감으로 삼아 배고프면
잡아먹는 생물이 있느냐는 것이다. 곧바로 생명
을 앗아가진 않아도 간접적으로 해를 끼치는 기
생충 또한 천적이다. 그리고 보면 사람도 여러 천
적에 둘러싸여 갖은 애를 먹고 있다. 과거의 천적
인 맹수들은 활이나 총으로 혼내줘서 얼씬도 못
하게 해놨으나, 아직도 겁 없이 사람에게 달려드

는 생물이 있다. 어느 놈인가? 나와 봐라! 가장 겁나는 것은 눈에도 안 보이는 세균·곰팡이·바이러스이다. 병원균 또한 바로 우리의 천적이다. 비듬·무좀·곰팡이도 우리의 천적이고, 감기 바이러스·에이즈 바이러스 등등 일일이 그 예를 다 들기가 어렵다. 물론 세계 도처에서 야생동물과 인간의 투쟁은 끊임없이 이어지고 있다. 여하튼 천적 없는 생물은 없다.

엉뚱한 이야기로 들리겠지만 사람끼리도 천적이 있다. 어떤 사람이 별로 대단치 않아 보이는 어느 사람에게는 이상하게 맥을 못 춘다. 유독 그 사람에게는 결기 한 번 부리지 못하고, 비겁할 정도로 굽실거린다. 바로 이 사람이 그 사람의 천적인 것이다. 실제로 여러 사람들의 관계를 잘 뜯어보면 유사한 사실을 발견한다. 축구도 야구도 상대 팀이나 상대 국가가 누군지에 따라 어쩐지 껄끄럽고 힘들게 느껴지는 수가 있다.

과연 필자의 천적은 누구이며, 어디 있을까? 물어보나마나 언제나 적(?)은 가까이에 있다. 진짜로 나의 천적은 바로 너 자신이라는 말을 여기 다시 써놓는다. 너 자신을 알라! 겉의 나와 속의 나, 두 개의 나를 가진 내가 아니던가. 어깨에 까치집을 짓고 눈에 거미줄을 쳐도 털끝도 흔들리지 않고 정심(正心)으로 살다 가리라. 바늘 끝만 한 허점이 있어도 황소 같은 업장(業障)이 든다 하지 않는가. 좀스럽고 구차하게 살지 않겠다. 아마도 그 길은 철없이 사는 데 있으리라. '철부지', 얼마나 좋은가. 방정환 선생은 "어린이는 노래하는 시인이다."라고 말씀하셨다. 피카소는 말했다. "어린아이는 모두 예술가이다. 어떻게 예술성을 잃지 않고 성숙하는가가 문제이다."라고.

극피동물에 붙어사는 복족류

이야기가 엉뚱한 곳으로 흘러가 길어졌다. 그러나 우리는 멀리 가지 못한다. 연체동물들의 기생과 천적 관계를 알아봐야 하기에 말이다. 생물계를 보면 깜짝 놀라게 하는 일이 더러 있다. 앞에서도 얘기했듯이 다른 바다 생물이 다 죽어 나자빠져도 끄떡도 않고 이겨내는 바다 밑바닥의 주인공 불가사리도 꼼짝 못하는 복족류 고둥이 있더라. 위대한 불가사리의 천적! '불가사리기생고둥[*Thyca crystalina*]'이 그 주인공이다. 약 10밀리미터 크기로 껍데기는 백색이고 유리처럼 맑으며, 불가사리에 달라붙어 피를 빨아 먹고 산다. 불가사리뿐만 아니라 성게 등의 극피동물에도 이런 복족류들이 기생한다. 이렇게 기생하는 동물은 어느 것이나 소화관은 퇴화하고 생식기관만 발달한다는 특징이 있다. 이 기생고둥도 예외일 수 없다. 식물 중에도 완전 기생을 하는 것이 있다. 줄기가 실처럼 퇴화한 새삼 실새삼은 숙주식물에 뿌리를 박아서 즙을 빨아 먹고 살기에 엽록체를 완전히 잃어버리고 말았다. 기생하다가 창자를 잃고 엽록체도 잃었다. 야단났다. 부디 남에게 기대 살지 말 것이다. 그러다가 너는 뭘 잃어버릴지 모른다.

이렇게 살아가는 녀석도 있었구나! 성게나 불가사리, 해삼 같은 극피동물이 좋아 거기에 붙어사는 소형 복족류가 꽤 많다. 긴 성게 가시 사이에 끼어있어 천적들이 와서 잡아먹을 수 없으니 아주 안전한 서식처이다. 바늘고둥과의 '해삼살이바늘고둥[*Balcis kuronamako*]'은 해삼에 붙어살고, '꼬마투명성게살이고둥[*Melanella peronellicola*]'은 부룻지연잎성게[*Peronella japonica*]에 붙어사는 각고가 8밀리미터인 아주 작은 고둥이다. 연체동물을 채집할 때는 다른 동물들도 잘 들여다봐야 한다. 어떤 동물에 어느 것이 붙어사는지 알 수가 없기 때문이다. 기생고둥과의 '빨강불가사리속살이고둥[*Stilifer akahitode*]'은 빨강불가사리[*Certonardoa semiregularis*]의 팔을 파고들어 가 그 속에서 체내기생을 한다. 각경 7밀리미터, 각고 9밀리미터나 되는 녀석이 들어앉아 있는데 기생 부위가 혹처럼 불룩 솟아있어 빨강불가사리는 무척 아플 것이다. 불가사리를 잡아서 겉만 볼 게 아니라 다리 속도 속속들이 들여다봐야 한다.

진드기고둥과의 '진드기고둥[*Pelseneeria castanea*]'은 각경 3밀리미터, 각고 4밀리미터밖에 안 되는 작은 놈이다. 육안으로 언뜻 봐서는 모래알갱이 정도로 치부하고 넘어갈 정도로 작다. 그래서 가는 데마다 바닷가 모래를 퍼와서 해부현미경으로 소형 패류를 찾아낸다. 아무튼 이 작은 진드기고둥은 분홍성게[*Pseudocentrotus depressus*] 가시 사이에 진드기처럼 붙어살면서 알을 낳아 바로 성게 몸에 붙인다. 비단 진드기고둥만 그렇지는 않다.

기생 복족류에 또 다른 것도 있다. 삿갓 모양인 '매부리고둥[*Capulus dilatatus*]'은 각정 부위가 뾰족 튀어나온 것이 매부리를 닮았고 껍데기 길이가 6밀리미터에 지나지 않는 소형 복족류로, 불가사리가 아닌 가리비 등의 이매패에 붙어서 껍데기에 구멍을 뚫어 영양을 섭취한다. 패류에서 이매패(부족류 斧足類)와 복족류를 비교하면, 후자가 종류도 더 다양(진화)하고 육식하는 놈도 더러 있어서 무척 공격적이다. 싸움이 붙었다 하면 상대를 결딴낸다. 언제나 멀리 움직일 수 있는 무리가 바로 복족류이기 때문이다.

이야기가 나온 김에 가리비 설명을 좀 끼워넣자. 가리비는 패각이 부채 모양으로 둥글넓적하며 한쪽 껍데기는 편편하고 다른 하나는 불룩하다. 그것이 가리비를 '바다부채'라 부르는 이유이다. 판판한 것은 좌각이고, 볼록한 껍데기는 우각으로, 표면에 좌우각의 방사륵(放射肋, 각정에서 배 가장자리를 향해 성장선을 가로질러 늘어난 주름)도 다르다. 가리비는 아주 특이하게 이동한다. 두 껍데기를 열어서 물을 머금고 있다가 재빠르게 닫아 물을 내뿜으면서 반동으로 도약·전진한다. 뛰듯이 달려 나간다. 껍데기의 위, 양쪽에 귀를 닮은 이상돌기(耳狀突起)가 있는 것도 이 조개의 특징이다. 조가비를 여닫게 하는 것은 폐각근인데 가리비는 전폐각근은 퇴화되고 후폐각근 하나가 아주 발달돼있다. 폐각근이 다른 조개에 비해서 무척 발달하여 굵직하고 널따란 힘살 덩어리가 껍데기에 붙어있으니 그것이 조개관자(貫子), 즉 조개기둥이다. 조개관자는 쫄깃하고 쫀득한 것이 맛이 있어 익혀 먹기도 하고 끈에 줄줄이 꿰어 말려서 팔기도 한다. 그리고 두 껍데기 사이에 내놓은 외투막 끝자락에 작은 눈알이 삥 둘러 나있는 것도 다른 조개에서 볼 수 없는 특이한 점이다. 허참, 조개가 수많은 눈을 가졌다!

그런데 값비싼 조개관자를 논할 때 '키조개[*Atrina pectinata*]'를 빼놓을 수 없다. 키조개는 각장이 250~300밀리미터나 되는 대형 조개이다. 모양은 말 그대로 집에서 사용하는 곡식을 까부는 '키' 를 닮았다 하여 키조개라 부른다. 껍데기는 색이 푸르스름하고 마르면 잘 부서진다. 키조개는 수심 20미터 근방의 모래·진흙이 섞인 곳에 사는데, 전라남도 보성과 광양만이 다산지로 유명하다. 이곳에서는 패주를 소금에 절여서 판매하기도 한다. 아무튼 조개관자 하면 키조개와 가리비가 그 대명사이다.

가리비는 영어로 스캘럽(scallop)이다. 옛날 바닷가 마을에서는 가리비를 바가지 대용으로도 썼다고 한다. 우리나라에서 나는 가리비는 무려 18종이나 되는데 그중에서 가장 대표적인 것이 '국자가리비'와 '큰가리비'이다. 큰가리비는 동해안에서 대량으로 양식하는 것으로 가리비 중에서 가장 크다. 이 두 종의 특징을 간단히 설명하기 위해 패류도감에 서술해놓은 글을 그대로 옮겨본다. 특징, 크기, 채집지 등을 다음과 같이 차례로 쓰고 있다는 것을 보여주고 싶어서이다.

국자가리비[*Pecten (Notovola) albicans albicans*]

패각은 대형으로 부채 모양이고 국 뜨는 기구인 국자로 대용했기에 붙은 이름이다. 좌측 패각은 납작하고 9~10줄의 굵은 방사륵(放射肋)을 가지고 있고, 늑간(肋間)의 폭은 넓다. 겉면은 연한 적자색이고 내면은 진한 적자색이다. 우측 패각은 황백색으로 둥글게 부풀어있으며, 15~16개의 굵고 폭넓은 방사륵을 가지고 있다. 패각의 좌, 우 귀[耳]의 크기는 비슷하다. 수심 10~30미터 아래의 모래, 진흙에 둥그런 우측 껍질을 바닥(아래)에 두고 있다. 그래서 위쪽에 놓인 납작한 좌각에 따개비, 해면 등 이물체가 많이 붙는다.

* 크기 : 각장 120밀리미터, 각고 100밀리미터. * 채집지 : 경북 영일군 구룡포, 경남 남해군 미조면, 거제도, 제주도.

큰가리비[*Patinopecten (Mizuhopecten) yessoensis*]

대형 종으로 좌측 껍질은 붉은 갈색으로 약간 편평하고, 우측 껍질은 황백색으로 다소 부풀어있다. 패각의 방사륵은 24~26줄이며 좌, 우 패각의 귀에도 방사륵이 있다. 전폐각근은 퇴화되어 없고 후폐각근만 남아있다. 좌각 등 쪽 주변에는 성장선이 뚜렷하여 포목상(布木狀)을 한다. 한류성 패류로 수심 10~30미터의 모래자갈 밭에 서식한다. 강원도 일대에서는 '참가리비'로 불린다.

* 크기 : 각장 200밀리미터, 각고 200밀리미터. * 채집지 : 강원(대진, 속초, 주문진, 남애), 경북 영일군 대보면.

미지의 복족류 세계

또 다른 미지의 복족류 세계를 가보자. 복족류 중에는 다른 패류에 붙어살면서 숙주가 내놓는 배설물을 먹고 사는 녀석들이 있는데 '기생고깔고둥[*Hipponix conica*]'과 '뚱뚱이짚신고둥[*Crepidula onyx*]'이라는 놈이 그렇다. 기생고깔고둥의 패각은 작고 아주 두꺼우며, 각정이 패각 뒤편으로 치우친 삿갓 모양이다. 방사륵이 아주 뚜렷하게 발달하여 늑간이 깊게 팼다. 이놈들은 소라, 전복, 대수리, 두드럭고둥 같은 복족류의 배설공(항문) 근방에 붙어서 배설물을 먹고 산다. 너저분하게도 똥 받아먹으며 세상 편하게 사는 녀석이로다. 뚱뚱이짚신고둥도 이매패나 복족류의 껍데기에 붙어서, 숙주가 내놓는 배설물을 먹고 산다. 암놈이 아주 크고 수놈은 작아서 수놈이 암놈 등짝에 붙어산다.

괴상한 녀석이 여기 또 있다. '호롱애기배말[*Patelloida pygmaea lampanicola*]'이라는 원뿔형의 복족류 놈이다. 각정이 한쪽으로 기울어져 옆에서 보면 모자 꼴을 하는 소형 패류인데, 이놈은 바닷가에 많이 사는 갯고둥[*Batillaria multiformis*]에 붙어산다. 갯고둥과에는 갯고둥, 비틀이고둥, 동다리 등 9종이 있다. 지금도 어느 시골 장터나 골목시장에서는 갯고둥을 삶아 팔 것이다. 옛날에는 시장 모퉁이나 길가에서 뽑기, 번데기와 함께 자리를 차지하고 있었다. 아이들의 코 묻은 돈은 죄다 그리로 굴러 들어갔다. 갯고둥은 겉모양이 다슬기를 닮았으나 껍데기가 무척 두꺼워 펜치로 각정 부위를 잘라낸다. 각구에 입을 대고 살을 쭉쭉 빨아 먹으면 짭짤하고 고소한 맛이 일품이었다. 갯고둥 무리는 바닷가에 사는데 썰물일 때는 바람에 노출되면서 물기 있는 곳에 떼지어 질펀하게 모여들기에, 자리만 잘 잡으면 잠깐 동안 몇 사발씩 잡는 것은 일도 아니었다.

어디 또 보자. '꽃갯지렁이살이고둥[*Lippistes helicoides*]' 무리는 반드시 조간대의 '꽃갯지렁이'의 서관(棲管, shelter tube)에 붙어살며, 각구 주변이 나팔처럼 넓게 퍼지는 특징을 가지고 있는데 각고가 15밀리미터 정도인 소형 고둥이다. 환형동물 무리가 만든 집이 서관이다. 길고 꼬불꼬불한 석회관으로 그 속에는 꽃갯지렁이가 살고, 관 입구에 이 고둥이 집을 튼다. 그들 사이에 어떤, 무슨 관계가 있는지는 필자도 모른다.

여기 이매패 중에도 사뭇 다른 녀석이 있으니 어디 보자. '갯가재더부살이조개[*Squillaconcha subsinuata*]'는 갯가재의 가슴팍에 족사로 달라붙는다. 각장이 7밀리미터 정도인 아주 작은 이매패로, 둥근 삼각형이며 반투명하고 백색을 띤다. 이동성이 없는 이 조개는 갯가재에 부착해 먼 곳까지 이동하여 먹이를 얻는 것으로 본다. 바늘고둥과의 '보라성게살이고둥[*Vitreobalcis sp.*]' 무리는 보라성게 [*Anthocidaris sp.*]무리의 가시에 붙어산다. 학명을 쭉 봐오면서 보라성게살이고둥의 것에서 이상하다는 느낌을 받았을 것이다. '*sp.*'가 뭘까? 그 얘기는 잠시 후에 하기로 하자.

다음 이야기는 지금까지 이야기한 것과 차원이 다르다. 조개가 기생하는 것이 아니고, 그것들이 숙주가 된다. '속살이게'라는 이름의 게(crab)는 대합·가리비·새조개·굴 등의 이매패 속에 산다. 이것들은 이매패의 조개말고도 해삼·멍게·완족류(腕足類) 등의 배설강(排泄腔)에서 기생생활을 하기도 한다. 이매패 속에 사는 속살이게를 중심으로 보자. 커다란 조개를 껍데기째 국을 끓여서 껍데기를 건져내고 국물을 먹고 있는데, 새끼손톱만 한 것이 국물에 들어있지 않은가. 그놈들이 속살이게이다. 조개 속에 살고 있던 게다!

속살이게 암놈 크기는 보통 10밀리미터 정도이고, 수컷은 암컷의 2분의 1 정도로 속살이하지 않고 조개 몸을 들락거린다. 여름 생식 시기에는 암놈과 같이 조개 속에서 같이 지내다가 다른 철에는 밖에 나가 산다. 이 때문에 속에 사는 암놈은 갑각(등껍데기)이 탈색되고 물렁물렁한 데 비해서 수컷은 밖에 살기에 햇살을 받고 물살에 쓸려 껍데기가 진하고 딱딱하다. 녀석들은 따로 지내다가도 보고프면 언제나 만날 수가 있어 좋다. 천재일우(千載一遇)라, 좀처럼 만나기 어렵다는 뜻이다. 그런데 너는…….

속살이게에는 갯지렁이가 사는 서관에 사는 것, 백합이나 굴에 사는 '굴속살이게[*Pinnotheres sinensis*]', 비단가리비에 사는 '섭속살이게[*P. pholadis*]' 등이 있다. 속살이게가 숙주를 죽이지는 않지만 그렇다고 그것들이 들어있어서 숙주에게 좋을 리 만무하다. 아무튼 속살이게는 다른 동물의 몸 안에 살아 천적에게서 안전하니 기막힌 거주지에 사는 셈이다. 딱딱한 석회성 서관이나 조개껍데기가 그들을 보호하지 않는가.

하나 더, 정해진 숙주에 정해진 속살이게가 살고 있을 것이란 것은 정한 이치이다. 그런데 '섭속살이게' 학명을 다시 보자. 단지 '*P.*'로만 속명을 써놓고 있지 않은가. 그 '*P.*'는 앞에 있는 '굴속살이게'의 속명인 피노테레스[*Pinnotheres*]의 약자이다. 학명 표기법에서 같은 속명을 가진 것이 이어 나올 때는 뒤에 나온 것에 속명 약자를 쓴다. 그렇게 하면 잉크, 종이, 에너지가 덜 들어서 좋다. 그리고 앞에서 위트레오발키스[*Vitreobalcis sp.*]라는 학명이 나왔었다. 물론 위트레오발키스[*Vitreobalcis*]는 속명이고, '*sp.*'는 종(species)의 약자로 종명을 모를 때 쓰는 것이다.

바다 동물들, 그중에서도 고둥이나 조개의 생활 방식이 참 다양하다는 것을 느낀다. 머리가 돌 지경이다. 시작도 끝도 없는 동그라미 원을 타고 도는 느낌이 든다. 글을 맺으면서, '주고받는다(give-and-take)'라는 말이 별안간 왜 생각나는지 모르겠다. 좁게 보면 기생일지 모르나 아주 넓고 멀리 보면 그들의 행위는 공생이 될 수 있다. 천적의 가치를 과소평가하지 말자는 뜻이다. 몸 안의 벌레가 사자를 죽인다는 천적을!

저것들이 저렇게 살고 있다. 필연 미미한 존재인 나도 그중 한 자리를 차지할 뿐인데. 한데 나도 지구를 떠날 날이 머지않았으니 불현듯 고려 시대 어느 선승이 지은 시가 떠오르는 것은 왜일까.

청산은 나를 보고 말없이 살라 하고
창공은 나를 보고 티없이 살라 하네.
탐욕도 벗어놓고 성냄도 벗어놓고
물같이 바람같이 살다가 가라 하네.

곱게 살다 갈게.

붉은 피를 지닌
패류도 있다

고등, 하등 따질 것 없다. 동물치고 피를 갖지 않은 동물은 없으니 말이다. 사람을 포함하는 척추동물들은 하나같이 적혈구가 헤모글로빈이란 호흡색소(呼吸色素)를 품고 있다. 사랑을 품은 마음과 얼굴은 얼마나 곱고 아름다운가. 산소나 포도당은 조금만 부족하면 몸이 옴짝달싹하지 못하지만, 조금만 과해도 역시 해롭다.

자공이 공자에게 물었다. "선생님, 사(師)와 상(商) 둘 중에 누가 뛰어납니까?" 공자께서 말씀하셨다. "사는 지나치고 상은 미치지 못하는구나." 자공이 다시 물었다. "그러시다면 사가 더

낫다는 말씀입니까?" 공자께서 대답하셨다. "지나친 것이나 미치지 못하는 것이나 마찬가지이니라(子曰過猶不及)."

공자가 가졌던 중용(中庸)의 의미를 반추해보았다. 남의 뜻에 붙좇아가는 "녹비〔鹿皮〕에 가로 왈(曰)" 같아 보이지만 구구절절 옳은 말씀이 아니던가. 과유불급(過猶不及)이다. 넘쳐도 탈 모자라도 탈!

생물체는 어느 것이나, 언제나 항상성(恒常性, homeostasis)을 유지하려 애를 쓴다. 어디 산소, 포도당뿐인가. 체온만 해도 1, 2도만 올라가도 큰 탈이 난다. 언제나 항상 일정하게 유지하려는 것은 산성도(pH)도 마찬가지이다. 어디 하나 그렇지 않은 것이 없다. 다다익선(多多益善)이 꼭 옳은 것은 아니다. 산소는 농도가 조금만 올라가면 과산소증으로 산소중독(oxygen poisoning) 증상을 보인다. 예를 들어서 산소를 싫어하는 혐기성세균(嫌氣性細菌)이 산소를 만나면 그것이 독이 되어 죽고 만다. 피부에 생긴 상처에 공기를 쏘여줘야 빨리 낫는 이유가 여기에 있다. 너무 싸매면 좋지 않다는 말이다. 허참, 산소가 약이로군! 아니 독이다!

물론 산소가 부족하면 어떤 일이 일어나는가를 잘 알고 있다. 산소결핍증으로 뇌세포가 망가지고 심하면 생명까지 잃는다. 그리고 포도당 농도가 조금만 높아도 당뇨병이 되어 생명활동에 치명적인 영향을 미치지 않는가. 당뇨병의 여러 증상이 하나같이 노화(老化)현상과 똑같다는 점이 무섭다. 늙으면 그저 '혈(血)' 자 붙는

병을 피해야 한다. 혈압과 혈당 말이다. 늙음보다 더한 아픔과 서러움이 없다. 소름 끼치도록 생각하기 싫지만 세월이 기다려주지 않으니, 땅을 치며 통곡해도 소용이 없는 일.

헤모글로빈은 등뼈 있는 척추동물이 주로 가지고 있는 호흡색소이다. 그런데 산소는 액체상태인 혈장(血漿)에 겨우 2퍼센트 정도 녹고 나머지는 고형성분(단백질)인 헤모글로빈이 붙들어 온몸으로 운반한다. 헤모글로빈은 철(鐵)을 함유한 4개의 헴(heme)과 글로빈(globin)이라는 단백질이 결합된 것이다. 산소를 운반하는 것은 적혈구, 적혈구 속의 헤모글로빈, 글로빈 속의 헴, 거기에 들어있는 철이다. 바로 이 철과 산소가 결합되는 것이다. 산소를 운반하는 것은 궁극적으로 철임을 알았다. 게다가 피가 붉은색을 띠는 것은 적혈구 때문이라고 해도 좋지만, 정확히 말하면 헤모글로빈 속의 철이 산소와 결합, 즉 산화하여 산화철(酸化鐵)이 되면서 내는 색이라는 것이 정확한 표현이다. 피가 붉다는 것은 곧 산화철이 적색을 띠기 때문이다.

헤모글로빈에는 철이 들어있어서 산화되면 붉은색을 띤다고 했다. 그런데 쇠고기나 돼지 살코기가 붉게 보이는 것은 거기에 미오글로빈(myoglobin)이라는 붉은 색소가 있어서 그렇다. 미오글로빈도 산소와 잘 결합하며 이것은 오직 근육에만 존재하는 색소이다. 근육운동에 많은 양의 산소가 필요하기 때문에 미오글로빈이 보충 역할을 하는 것이다. '생물'의 몸속에 '화학'이 들어있더라! 몸 있는 곳에 마음도 있게 하라. 헛되고 삿된 생각을 하지 말라는 뜻이다.

　적혈구에 핵이 들어있지 않은 무핵세포를 갖는 동물이 있다. 바로 포유류의 적혈구가 그렇다. 적혈구가 뼛속(골수)에서 처음 만들어질 적에는 핵이 있었으나 성숙하면서 없어진 것이다. 거기엔 무슨 사연이 있을 듯한데. 이유 없는 무덤이 없듯이 말이다! 핵이 없어지는 대신에 거기에 거대(巨大)단백질인 헤모글로빈이 들어차게 되고, 이 때문에 포유동물들은 다른 동물보다 훨씬 원활히 몸에 산소를 공급할 수가 있다. 즉 아주 활동적인 생활을 할 수 있다는 말이다. 사람도 거기에 포함되는 것은 말할 필요도 없다.

　그런데 사람 중에도 헤모글로빈을 만드는 유전인자에 돌연변이가 생겨서, 헤모글로빈이 들어있지 않은 적혈구가 생겨나는 수가 있으니, 산소 운반에 큰 지장을 받게 된다. 그런 적혈구는 제 모양을 잃고 꼴을 베는 낫(초승달)을 닮게 되니, 이런 증상을 '낫형 적혈구 빈혈증(sickle-cell anemia)'이라 부른다. 말도 많은 세상에 탈도 많은 몸뚱이다. 헤모글로빈(적혈구)은 죽어 간이나 지라에서 파괴, 분해되어 트랜스페린(transferrin)과 빌리루빈(bilirubin)으로 나뉜다. 전자는 다시 헤모글로빈 합성에 쓰이고, 후자는 소변이나 대변에 섞여 나오는데 대소변이 누르스름한 색깔을 띠는 원인물질이 된다. 똥오줌이 노란 것은 헤모글로빈이 파괴되어 생성된 물질, 즉 빌리루빈 탓이다. 소변에는 적혈구 시체가 떠내려가고 똥에는 묻어나간다. 해돋이가 있으면 반드시 해넘이가 있는 법이렷다.

호흡색소가 피의 색을 결정한다

여태 헤모글로빈만 논해왔다. 이젠 연체동물의 체액을 살펴보자. 이 동물 혈액에는 주로 헤모시아닌(hemocyanin)이 들어있다. 특별히 바다에 사는 갯지렁이나 민물에 사는 실지렁이 일부는 특이한 호흡색소인 클로로크루오린(chlorocruorin)을 갖는다. 헤모시아닌은 주성분이 구리라서 산소와 결합하면 산화구리의 색, 푸르스름한 색깔을 내고 산소가 없으면 무색으로 바뀐다. 갑각류나 패류를 포함하는 하등동물은 모두 헤모시아닌이 산소를 옮긴다. 물론 헤모시아닌은 모두 혈구 속에 존재한다. 그리고 환형동물들이 주로 가지고 있는 클로로크루오린에는 철이 들어있지만 헤모글로빈의 철과는 달리 산소와의 결합력이 아주 떨어진다. 이 색소는 농도가 옅으면 녹색을 띠지만 농도가 아주 짙으면 붉어진다. 동물에 따라서 호흡색소가 다르다는 이야기이다. 그런데 환형동물인 갯지렁이 중에는 헤모글로빈과 클로로크루오린 둘 다 가지고 있는 것도 있으며, 어릴 때는 헤모글로빈이 더 많다가 성체가 되면서 클로로크루오린의 양이 증가하기도 한다. 생물계는 어쩐지 '예외'가 많아서 혼란스럽게 느껴지기도 하지만 절대 그렇지 않다. 생물계나 자연계에는 정연한 순서, 차례는 물론이고 엄연한 질서가 무섭게 서 있다.

이제 연체동물 중에 헤모글로빈을 갖는 놈이 있다는 이야기를 할 차례이다. 대부분의 패류의 호흡색소는 헤모시아닌이지만 몇 종은 예외로 헤모글로빈을 갖는다. 체액이 붉다는 말이다. 우리의

밥상에 자주 오르는 조개 중에서 피조개[*Scapharca broughtonii*],
새꼬막[*S. subcrenata*], 꼬막[*Tegillarca granosa*]이 대표적이다. 모두
서 · 남해안에서 많이 나고, 요새는 개펄에 일정한 간격으로 묻어
양식을 한다고 한다. 껍데기 안에 얼마나 많은 붉은 핏물이 고여
있기에 '피조개'라고 이름을 붙였겠는가. 적혈구 속에 헤모글로빈
이 들어있어서 역시 그렇게 붉은 것이다. 이 조개들은 모두 방사
륵이 뚜렷이 나타나있다. 그런데 보통 사람이 이 세 조개를 구별
하기는 아주 어렵다. 구별하는 방법을 설명하자면, 첫째로 크기 순
서를 보면 피조개가 각장 120센티미터 정도로 가장 크고 다음이
새꼬막(각장 75센티미터), 꼬막(각장 50센티미터) 순이다. 크기만 가
지고는 확실하게 이거다 하고 단정하기 어려우니, 다음 것이 확실
하게 구별할 수 있는 열쇠가 된다. 껍데기에 나있는 방사륵 개수
를 헤아려보는 것이다. 피조개는 42~43줄, 새꼬막은 30~34개, 꼬
막은 17~18줄이다. 내가 먹는 조개 이름은 알고 먹어야 하기에
이렇게 자세히 설명하는 것이다. 그런데 왜 이 무리들만 혈구에
헤모글로빈을 갖게 되었을까? 녀석들이 살아온 곳에 산소가 적은
탓일까? 그래서 산소가 잘 달라붙는 헤모글로빈을 갖게 된 걸까?
　잠깐 충남 서천에 조개잡이를 가보자. <동아일보>(2004년 5월 14
일)에 실린 기사 일부이다.

　서천 해안은 수심이 얕은 데다 조수 간만의 차가 커 물이 빠지면
　2킬로미터 이상 펼쳐지는 완만한 백사장과 개펄이 있어 가족휴양

지로는 그만이다. (…) 썰물 때 넓게 펼쳐지는 개펄은 고운 모래로 이루어져있어 모래사장 같다. 콩알만 한 게들이 잰걸음으로 분주히 다니며 촘촘한 간격으로 작은 구멍을 송송 뚫어놓기도 하고, 개펄 위에 바닷물이 긁어 남기고 간 물결무늬도 한 폭의 추상화를 보는 듯하다.

이곳에선 국물이 시원한 바지락, 구우면 더욱 맛있는 모시조개, 뽀얀 속살이 쫄깃한 돌조개 등 각양각색의 조개를 직접 잡아볼 수 있다. 그러나 이곳 개펄 체험의 백미는 뭐니 뭐니 해도 맛 잡기. 보통 조개는 호미로 개펄 흙을 파낸 후 줍지만 맛은 구멍이 뚫린 개펄 구멍에 소금을 뿌리면 속에서 쏙 튀어나온다. 처음 간 사람들도 다른 어부들이 하는 것을 어깨너머로 보면 금세 따라할 수 있다. (…)

개펄에 난 구멍에 소금을 조금씩 뿌려놓으면 소금의 짠 기운에 견디지 못한 맛이 삐죽이 고개를 내미는 모습이 재미있다. 이때 닭달하여 맛을 억지로 잡아 빼내려고 애쓰면 안 된다. 황당하게도 맛이 힘을 주어 살이 끊어지기 때문이다. 맛이 스스로 반 이상 올라왔을 때 재빨리 낚아채야 한다.

보통 고개를 내민 후 5초 정도면 나오지만 어떤 것은 1분이 넘도록 고개만 내밀었다 들어갔다 하며 잡는 이의 속을 태우는 경우도 있다. 구멍에서 물이 퐁퐁 올라오는 곳은 빈 구멍으로 소금을 뿌려도 소용이 없다. 잡은 맛을 그릇에 담지 않고 개펄 위에 방치하면 헛수고이다. 어느샌가 슬그머니 개펄을 파고들어 가 숨어버리기 때문. 이런 과정을 반복하다 보면 시간가는 줄 모른다. 이렇게 맛과 씨름하다 보면 어느새 바닷물이 다시 들어온다.

이곳 주민들도 돈벌이 삼아 맛을 잡으러 나오는 경우가 많다. 1킬로그램 가격은 5천 원 선. 맛은 삶거나 구워 먹어도 좋지만 된장찌개에 넣으면 국물 맛이 구수하고 개운하다. 삶아낸 국물을 국수장국으로 이용해도 그만이다. (…)

신나게 조개를 잡는 모습을 아주 선하게 그렸다. 서천의 조개는 죽합과에 속하는 '맛조개[*Solen strictus*]'나 '대맛조개[*S. grandis*]'를 말한다. 맛조개 무리는 우리나라에 모두 5종이 살고 있다. 그런데 이들 조개를 '죽합(竹蛤)'이라고도 하니 두 장의 껍데기가 대나무 꼴(긴 사각형)을 하기에 붙인 이름이다. 대맛조개 같은 것은 각장이 150밀리미터가 넘으니 안에 들어있는 살도 꽤 많고 푸짐하다. 아무리 밑바닥에서 우짖는 삶을 살아도 바닷가 사람들은 삼순구식(三旬九食)의 배고픔을 모른다. 나가기만 하면 진수성찬의 단백질이 즐비하게 드러누워 있으니 말이다. 하늘의 축복을 듬뿍 받은 갯가 사람들!

다시 본론으로 돌아온다. 헤모글로빈을 가지는 패류는 앞에서 말한 피조개말고도 민물에 사는 '수정또아리물달팽이', '또아리물달팽이', '배꼽또아리물달팽이[*Polyplis hemisphaerula*]' 등 3종이 더 있다. 이것들은 겉에서 봐도 껍데기가 불그레해 보인다. 수조 유리에 끼는 이끼를 핥아 청소를 하기에 어항에 넣어 키우기도 했던

'인도또아리물달팽이'는 아주 납작하고 커다란데 이 녀석 몸에는 껍데기까지도 새빨갈 정도로 헤모글로빈이 많이 들어있다.

여기서 '또아리'가 뭔지 알아보자. 또아리를 줄여서 '똬리'라고도 하는데, 사전에 "짐을 일 때 머리 위에 얹어서 짐을 괴는 고리 모양의 물건으로, 짚이나 헝겊 같은 것을 둥글게 틀어서 만듦"이라 쓰여있다. 맞다, 옛날 어머니들은 아프리카 아낙네와 비슷하게 물동이는 물론이고 무거운 짐을 모두 머리에다 이고, 등에는 아이를 업고, 양손에는 또 묵직한 물건을 들었다. 그 시절엔 남녀노소 모두 '소〔牛〕' 아닌 사람이 없었다. 느릿느릿 걷는 소 말이다. 노동력으로 사람을 평가할 정도였으니 말이다. 머리 위의 물건은 용케도 중심을 잡아서 떨어지지 않았다. 얼마나 목 힘이 좋은지……. 힘이 좋다는 것은 우스갯소리로 하는 말이고 목뼈가 으스러지도록 참고 견뎠다고 표현하는 게 옳다. 아무튼 뱀의 똬리를 생각하면 감이 쉽게 잡힌다.

그래서 또아리물달팽이 무리는 복족류이지만 나탑이 거의 없고 아주 납작한 것이 돌돌 말려있어서 똬리 모양을 한다. 강가의 돌이나 수초, 농로 바닥, 작은 도랑 바닥, 썩은 나뭇가지, 비닐, 깡통 등에 덕지덕지 붙어산다. 숫자가 그리 많은 편은 아니나 전국 어디서나 발견할 수가 있다. '수정또아리물달팽이'가 셋 중에서 가장 큰데 각고가 20밀리미터, 각경이 10밀리미터쯤 된다. 위에서 보면 똬리처럼 둥그스름하지만 세워보면 바퀴 꼴이다. 민물에 사는 놈 중에 피가 붉은 놈이 하필이면 네놈들이냐?

땅에 사는 육산패류 중에는 헤모글로빈을 가진 것이 없다. 녀석들은 외투막에 핏줄이 많이 퍼져 그것이 허파 구실을 하는데도 말이다. 실은 물속보다 공기 중에 산소가 많은 탓이다. 산소가 뭔가. 숫제 값이 없으면서도(누구 하나 알아주지 않아도) 생명을 지켜주는 공기이다. 그것 하나 부족하면 아무리 발버둥을 쳐도 만사휴의(萬事休矣)! 귀한 것을 소중히 여길 줄 알아야 하는데…….

동굴 속에도 산꼭대기에도 조개가 살더라

경기도 양수리 근방 호수와 늪지대에서 채집한 후 다리 위로 올라와 확 트인 한강을 바라보면서 바람을 쐬고 있었다. 근방에는 파출소가 있었고, 그 옆에는 그 지역의 약도가 커다랗게 붙어있었다. 그런데 두툼한 안경을 쓴 약간 구부정한, 누가 봐도 전형적인 일본 사람이 멋도 모르고 뜬금없이 그 지도를 사진 찍었다. 순경이 쏜살같이 달려 나와 사갈시(蛇蝎視)하는 눈으로 노려보며 필름을 내놓으라고 다그친다. 그 사람이 넉살좋게 어깃장을 놔도 막무가내이다. 악법도 법이니 어쩌리. 왜 그렇게 접근 말라, 사진 찍지 말라 했을까? 다 분단의 부산물인 간첩 때문이었다.

아직도 그 상흔이 여러 사람을 괴롭힌다. 미움 덩어리는 눈 덩어리처럼 굴러가며 커진다. 미워 말자. 용심(用心)에 따라 달라지는 것이니.

지금 생각하면 가소롭기 짝이 없지만 그때는 그랬다. 그것이 1970년대 이야기이다. 필자도 거문도에 채집 가서 간첩으로 몰려 곤욕을 치른 이야기를 『꿈꾸는 달팽이』에 실었는데 그 이야기가 그 책의 백미다. 일독을 권하는 내 맏이 책이다.

사진을 찍은 그 일본 사람이 바로 다다시게 하베 선생님이시다. 나는 '하베 선생'이라 부르는데 그는 세계적인 패류분류학자로 우리나라에도 여러 번 다녀가셨다. 이런 분을 만났기에 지금의 내가 있다. 사막 같은 한국의 패류학계에선 오아시스 같은 분이라고 해도 과언이 아니다. 지금은 고인이 되셨지만 그 고마움을 잊을 수가 없다. 회자정리(會者定離)라 했던가. 이별은 만남을 예약하고 만남은 이별을 잉태한다지만, 만날 수 없는 헤어짐이란 말이 맞다. 하베 선생님이 그립다. 학문엔 국경이 없으나 조국은 있다고 했던가. 생물들은 국경이 없으나 그것을 전공하는 사람들에겐 제 나라가 있다.

그때 양수리에 또 한 분의 외국인이 있었다. 미국 미시간대학교의 버치(Burch) 교수이다. 이분은 세계적인 육산패 전공 학자인데, 덕분에 필자도 미시간대학교에 가서 공부할 기회를 얻었다. 교수께서 퇴임한 후 부인 페기(Peggy)가 암으로 고생하고 있다는 소식을 들었는데 그러고도 예를 다 갖추지 못해 마음으로나마 미안하게 생각하고 있다. 미시간호에 채집 갔을 때이다. 미시간호엔 아주 잘 만들어진 임해연구소가 있는데 호수학(湖水學), 연체동물학 등 물과 생물에 관해 가르치고 배운다. 대학에서 거기까지는 근 4시간이 걸리는데, 함께 가는 동안 차 안에서 줄곧 책을 읽던 버치 교수의 모습이 선연하다.

버치 교수와 페기는 참으로 검소한 생활을 했다. 가까운 마을에 점심을 먹으러 나간 사이에 금세 이발하고 온 버치는, 여기는 동네 이발소보다 이발료가 2달러가 더 싸다며 좋아했다. 처음 먹는 피자가 입에 맞지 않아 내가 남겼더니 페기는 그것을 마파람에 게 눈 감추듯 먹어치웠다. 페기는 미국에서도 의사들은 봉급이 많은데 자기 남편은 봉급이 형편없다고 농담을 했다. 미국의 교수도 우리나라 교수 형편과 별다를 게 없나 보다. 아무튼 버치 교수는 나에게 많은 도움을 주었고, 덕분에 제자들도 일취월장했고 그곳에 가서 박사 후(post-doc) 연구도 하였다. 버치는 나이가 나보다 훨씬 많은데도 '닥터 버치'란 소리가 싫다면서 자기를 편하게 잭(Jack)이라 불러달라고 했다. 버치 교수도 한국에 여러 번 왔었다. 춘천에 다녀간 것이 아마 마지막일 게다. 전쟁은 무기로 하는 외교이고, 외교는 무기 없는 전쟁이라고 한다. 과학 교류도 외교, 전쟁의 하나임이 틀림없다.

이 교수들을 집으로 초대해 저녁 식사를 대접하기로 했다. 뭘 어떻게 대접할까 고심한 끝에 특이하게 '연체동물 밥상'을 차리기로 했다. 시장에 가서 연체동물을 잔뜩 사왔다. 다슬기국과 다슬기와 논우렁이 살을 뽑아서 초장으로 버무린 무침을 올리고, 문어와 낙지를 잘라 조려놓고, 오징어 물회, 생굴 회를 낳고, 홍합과 백합을 쪄서 살만 까서 한 접시씩 올렸다. 정확히 기억나진 않지만 아마도 더 많은 조개와 고둥을 요리했었던 것 같다. 우리는 연체동물을 전공하는 사람들이라 연체동물이 가득 차려진 밥상에 박수를 보내고 사진도 찍었다. 검소하고 질박하게 살지만 한턱 쓸 때는 아끼지 않는 것이 우리의 정서가 아니던가. 연체동물로 차린 밥상! 그 양반들도 특이한 대접에 당연히 흥겨워했다. 그런데 그중의 한 분이 이제 고인이 되고 말았다. 다시 한번 하베 선생님의 명복을 빈다. 고맙습니다, 하베 선생님! 사람은 살다가 꼭 죽어야만 하는 것일까? 인연이 다하여 헤어지는 것이 죽음이겠지.

산에 사는 조개

시골을 지나는데 동네 어귀에 지하수를 긷는 우물 펌프가 있었다. 하베 선생께서 하시는 말씀에 귀를 쫑긋이 세우고 들어보았지만 아무래도 믿어지지 않는다. 플랑크톤을 펌프 입구에 대고 물을 퍼올려 그 안을 잘 들여다보면 지하수에 사는 복족류가 있다는 것이다. 아직 우리나라에선 채집된 적이 없지만 지하수가 올라오는 입구에까지 그들이 살고 있다니 기가 막힌다. 패류들은 물만 있으면 어디서나 사는 정녕 거세고 드센 놈들이다.

산꼭대기도 좋고 중턱도 좋다. 산중 어디서나, 심지어는 나무 등걸 아래 물이 괸 곳에도 연체동물이 산다. 산에 오르다가 작은 웅덩이가 있어서 들여다보았다. 웅덩이가 있다는 것은 물이 계속 나오는다는 의미이다. 보나마나 짚신벌레, 유글레나 등의 붙박이들이 살고 올챙이도 단골로 살고 있을 것이다. 그런데 놀랍게도 거기에 연체동물의 이매패가 살고 있단다. '산골조개[*Pisidium sp.*]'란 작은 조개가 거기에 살기도 한다는데 잘 보니 통소금을 뿌려놓은 듯 조그만 조개가 정말 있다. 코딱지만 한 조개가 그 첩첩산중 골짜기에 살고 있다니……. 가만히 들여다보니 새하얀 발을 내밀고는 싸목싸목 기어가고 있다. 여기에서 필자의 화두, "너는 왜 여기에 살고 있느냐."를 또 되뇌게 된다. 산골과 조개는 그렇게 산에서 산다.

'산골'이란 이름은 어떻게 붙은 것일까. '산골짜기'란 뜻일까, 아니면 '산에 있는 뼈, 골(骨)'이란 뜻일까. 사전에서는 허리가 아프고 뼈를 다쳤을 때 먹는 것이 '산골'이라고 설명하고 있다. 하지만 이것은 조개가 아니다. 금속물이다. 한의학에서는 "구리가 나는 곳에서 나는 청황색의 쇠붙이 조각. 접골약(接骨藥)으로 복용함.자연동(自然銅)."이라고 산골을 정의한다. 그런데 시골 장에 나가보면 쇠붙이가 아닌 조개 산골을 팔고 있다. 이것이 뭐냐고 모른척하고 물어보면 "산골이라는 것으로 뼈가 약하거나 다친 데 좋다."라고 설명한다. 맞다, 진짜 산골은 이것이다. 얇디얇은 산골조개껍데기를 먹으면 위산에 잘 녹아서 칼슘 보충에 아주 좋다. 뼈의 주성분이 칼슘과 인이 아닌가. 육신을 잘 다스리면 현인(賢人), 마음을 잘 다스리면 성인(聖人)이라는데, 부디 눈을 밝히고 눈을 맑힐지어다.

산골과 조개는 그것말고도 우리나라에 한 종이 더 산다. '삼각산골조개'라는 놈이다. 산골조개는 제아무리 커야 각장이 5밀리미터에 지나지 않으나, 삼각산골조개는 그것의 두 배 정도가 되고, 이것은 산에 살지 않고 동네 근방의 저수지나 거기에서 흘러나오는 농로(農路) 등지에 떼지어 산다. 보통 둘 다 진흙바닥에 살고 껍데기가 흰색에 가까우며, 난태생을 하고, 암수한몸인 특징을 갖는다. 아무튼 패류가 살지 않는 곳이 없다. 동네 어귀의 우물 펌프, 외딴고 으슥한 산중턱이나 꼭대기에도 그것들은 살고 있다.

이제 우리 함께 땅속 동굴에 들어가 보자. 동굴은 다름 아닌 산속의 내(川)요 강(江)이다. 산의 내장, 창자인 셈이다. 아직도 냇물이 철철 흐르는 동굴도 많다. 물에 묻어둔 이산화탄소가 석회암을 긴긴 세월 조금씩 녹여내니 결국은 커다란 굴이 뚫려버린다. 우리 조상들도 동굴 입구에 산, 구석기시대의 동굴인류이다.

여기서 멈추지 않고 안으로, 안으로 물길 따라 들어가 보자. 100여 미터 속으로 들어가면 전연 빛을 느끼지 못하는, 사위가 칠흑같은 곳에 도달한다. 뭔가 모를 무겁고 차가움이 느껴지는 굴속. 그 속에 냇물이 소리내며 흐른다. 쓸쓸한 마음도 따라 흐른다. 더 안쪽에는 박쥐들이 살아 박쥐가 눈 똥이 물을 타고 흐른다. 그것이 동굴 안의 유일한 유기물로 그 덕분에 여러 생물들이 살아가는 것이다. 어둠 속에서는 광합성이 일어날 수가 없으니 유기물을 합성할 수가 없지 않은가.

손전등으로 물이 흐르는 돌바닥을 비춰가면서 들여다본다. 동굴에 흐르는 물맛은 어떨까. 진수무향(眞水無香), 진짜 물은 냄새가 없다는데……. 용틀임치는 폭포 끝에 흐르는 고요한 흐름이다. 물론 가끔 보이는 돌을 들춰보기도 한다. 아니, 여기에 정말로 생물이 살고 있었구나! 말로만 듣던 그놈이 아닌가? 하얀 새우를 먼저 발견한다. 가장 흔하기에 그렇다. 빛을 받지 않는 곳의 생물은 멜라닌이 필요 없어서 모두 몸색깔이 희다. 또 빛이 없으니 눈이 퇴화돼 '장님'이 되고 만다. 그래서 지금 잡은 그 새우는 몸이 하얗고 눈이 없다. 이름 지어 '장님새우'이다. 그러다가 순간 눈이 번쩍 뜨인다! 아주 작고 작은 고둥 한 마리가 바위에 도드라지게 붙어있는 것을 발견한 것이다. 겨우 보인다는 말이 맞다. 역시 껍데기가 하얗다. 손이 닿으면 당장에 손때가 탈 듯이 희다. 각고, 각경이 각각 2밀리미터 정도인 복족류는 거기서 박쥐 똥을 먹으며 살고 있었다. '둥근동굴우렁이[*Cavernacm coreana*]'이다. 그놈은 우리나라 동굴에 사는 대표적인 종으로 이 무리는 아주 오래된 고생물인 생화석이다. 어디 살 데가 없어서 산의 창자인 동굴, 빛 한 점 없는 그곳에 살고 있니?

깊은 바다에서 산꼭대기는 물론 동굴에까지 삶터를 넓혀온 패류들이다. 그것들의 신비로움을 심마니가 되어 찾아다니는 사람들이 패류분류학자들이고, 그중의 한 사람이 필자이다. 여기에 스스럽게 생각 않고 고백할 것이 하나 있다. 십년수목(十年樹木) 백년수인(百年樹人)이라 하지 않는가. 나무는 십 년을 바라보고, 사람은 백 년을 보고 키우라는 것! 나라가 정신을 차리지 못해 한스럽고 답답하다. 대한민국에서 육지에 살고 있는 패류를 찾아다니면서 채집을 해온 또는 하고 있는 사람이 고작 셋뿐이다. 수천만 명의 사람들 중에서 말이다. 고인이 되신 유종생 선생님, 필자와 필자의 제자 이준상 박사이다. 농담을 한다면(자화자찬한다면) 이들은 말 그대로 국보적인 존재이다. 아니, 미친 사람들이다. 요새는 이런 일을 하려는 사람들이 없다. 어느 정신 나간 사람이 달팽이 분류를 한단 말인가. 분류학 같은 고전 학문을 전공하면 굶어 죽기 안성맞춤인 걸 어찌하겠는가. 이공계를 기피하고, 일이 편하고 연봉을 많이 주는 쪽으로 몰려가는 것도 나무랄 수 없다. 자기가 좋아하는 분야를 평생의 업으로 삼고 살아가는 사람이 대접받는 그런 때가 오겠지. 어서 그런 날이 오기를 합장 기도한다. 하나에 미쳐 사는 것이 얼마나 즐겁고 재미나는지는 겪어보지 않으면 모른다. 삼라만상, 누구에게나 불성(佛性)의 씨앗은 있으나 그것을 피우는 것은 자기 몫일 뿐. 외로워야 순수해진다던가.

우리시대의 과학전도사 권오길

경남 산청에서 태어나 진주고, 서울대 생물학과 및 동대학원을 졸업하고, 수도여고 · 경기고 · 서울사대부고 교사를 거쳐 지금은 강원대 생물학과 교수로 재직 중이다. 청소년을 비롯해 일반인이 읽을 수 있는 생물 에세이를 주로 집필했으며, 글의 일부가 현재 중학교 국어 교과서에 실려있기도 하다. 강원일보에 10년 넘게 <생물 이야기> 칼럼을 연재하고 있으며, 지면과 방송을 통해 과학의 대중화에 꾸준히 힘쓰고 있다. 2000년 강원도문화상(학술상), 2002년 간행물윤리위원회 '저작상', 대한민국과학문화상을 수상했다.

지은 책으로 『하늘을 나는 달팽이』, 『바람에 실려 온 페니실린』, 『열목어 눈에는 열이 없다』, 『생물의 다살이』, 『달팽이』(공저), 『꿈꾸는 달팽이』, 『생물의 죽살이』, 『인체기행』, 『생물의 애옥살이』, 『바다를 건너는 달팽이』, 『개눈과 틀니』 등이 있다.

ㅣ하늘을 나는 달팽이
국판변형 ㅣ 304쪽 ㅣ 12000원
한국출판인회의 선정도서

생태계는 수십만 개의 부속품이 조화를 이루며 날아가는 비행기와 같다. 작은 나사 하나만 빠져도 비행기가 뜨지 않듯이 생태계도 그렇다. 생태계 안에서 귀중하지 않은 건 없다. 이 책은 사람과 자연이 더불어 살아가야 함을 새삼 일깨우며 사람과 사람, 사람과 자연 간의 상생의 삶을 강조한다. 세균이라는 미생물부터 우주선 안의 생물까지 다룬 소재가 다양하다.

ㅣ바람에 실려 온 페니실린
국판변형 ㅣ 272쪽 ㅣ 12000원

이 책은 생명의 처음과 끝인 세포이야기다. 하나의 세포 속에는 우주의 역사가 들어있고 그 흔적이 들어있으니 '세포는 우주다'라는 명제가 증명된다. 실타래처럼 얽힌 단세포 생물들과 인간의 관계를 권오길 교수는 특유의 재치와 위트로 쉽게 풀어냈다.

ㅣ바다를 건너는 달팽이
국판변형 ㅣ 224쪽 ㅣ 12000원
한국과학문화재단 추천도서 ㅣ 경영자독서모임(MBS) 선정도서

생에 대한 집착은 인간을 영악하게 만든다. 그것은 다른 생물들도 마찬가지다. 열무, 배추, 시금치를 함께 심어보라. 좀더 기름지고 넓은 터를 차지하려고 서로 안간힘을 쓴다. 마늘은 어떤가. 단지 제 몸을 보호하려고 냄새를 피운다. 이 책은 기상천외한 동식물들의 생존 전략에 관한 이야기다.

ㅣ생물의 죽살이
국판변형 ㅣ 256쪽 ㅣ 12000원
과학문화재단 추천도서

이 책은 제목 그대로 생물들의 죽음과 삶에 얽힌 이야기다. 모든 생물들은 저마다 생존을 위한 독특한 전략을 갖고 있다. 그들 세계에서 인간이 배울 점은 '겸손함'이다. 지구에 자신만은 살아남으리라 믿는, '오만함'을 버리는 것이다. 사람 역시 자연의 일부기에 그렇다.

ㅣ생물의 애옥살이
국판변형 ㅣ 272쪽 ㅣ 12000원
한국간행물윤리위원회 청소년 권장도서 ㅣ 우수환경도서

자연 속에서는 인간도 동물에 불과하며, 인간이 자연의 주인공이 아니라 다른 생물들과 함께 자연이라는 주인공을 빛내는 조연일 뿐임을 생물들의 삶을 통해 보여준다.

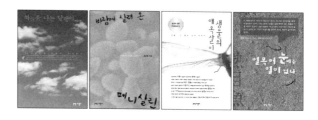

ㅣ열목어 눈에는 열이 없다
국판변형 ㅣ 248쪽 ㅣ 12000원
한국간행물윤리위원회 청소년 권장도서

이 책 전체에 흐르는 기조는 자연을 있는 그대로 바라봐야 한다는 것이다. 요즘같이 왜곡된 정보와 인식이 판치는 세태 속에서 음미해 볼 만한 가치가 바로 여기에 있다. "있는 그대로 보라!"

ㅣ생물의 다살이
국판변형 ㅣ 256쪽 ㅣ 12000원
과학문화재단 ㅣ 간행물윤리위원회 추천도서

평생 남의 피만 빨아야 하는 숙명을 가진, 그리하여 기생충처럼 무시당하는 흡혈박쥐도 굶주린 동료를 살리려고 제 피를 토한다. 감히 만물의 영장인 우리네 마음을 짠하게 울리는, '되바라진' 동식물 이야기!

ㅣ꿈꾸는 달팽이
국판변형 ㅣ 280쪽 ㅣ 12000원
한국간행물윤리위원회 저작상 수상 ㅣ 한국독서능력 검정시험 대상도서 선정

'생물 에세이'라는 독특한 분야를 처음 개척했던 권오길 교수의 첫 에세이이자 도서출판 지성사의 첫 번째 책이다. 느낌이 있는 책, 감동을 주는 책이 과학책에서도 가능하다는 것을 보여준다.

.